まえがき

サイボウズ・ラボでは「言語処理に必要そうな機械学
目標のもと，2011 年の 2 月から 11 月にかけて当時シ
善）から出版されていた『パターン認識と機械学習』（以下 PRML）を輪読する社内読書会をやっていました．「あの本」を 10 ヶ月足らずで一通り（すべての章ではありませんが）読みきったと言えば，そのスパルタな様子が想像つくのではないでしょうか．しかも，専門の学生ではない社会人が仕事の合間に！

当然スムーズに読み進めるはずもなく，いろんなところでつまずくことになりました．一つには機械学習の考え方に慣れてなかったという部分がもちろんあげられますが，まさにそれを身につけるために読んでいるわけですから，そこはしかたありません．そしてそれ以上に参加メンバーが四苦八苦したのは，やはり「計算」でした．たとえば PRML の 2 章ではベクトルや行列による偏微分という大技がいきなり炸裂しますし，行列の固有値は常識中の常識，積分の変数変換なんかはもう当然知ってるもの．そして全編に渡って Lagrange の未定乗数法という謎の魔法に支配されている……．数学科出身の約 2 名から「そこはなんでそんな計算になるの？　明らかにおかしいよね？」と突っ込まれながら PRML の要所要所が省略された数式を追いかけるという経験は，世の中は「数学ガール」のようには行かないということをきっと教えてくれたことでしょう．

さて，そんなメンバーの助けにと，同じく読書会に参加していた同僚の光成さん（@herumi さん）が，PRML のアンチョコ（教科書ガイド）を作ってくれました．それらは `https://herumi.github.io/prml/` にて CC-BY 3.0（クリエイティブ・コモンズ 表示 3.0 非移植）のライセンスで公開されています[*1]．

このアンチョコは，PRML 前半のキーポイントである 2 章から 5 章まで，そして後半の難関である 9 章と 10 章をカバーしています．出てくる数式を手抜き無しのガチンコで展開しつつ，それらを理解するのに必要な数学の道具（積分の変数変換，行列の各種操作）なども平行して解説するという作りになっています．線形代数と解析をまともにやったのは大学の教養課程が最後という三十路の技術者（数学をもっとちゃんとやっておけば良かった！）にはもちろん，現役の学生さんにとっても，このアンチョコはなかなか役に立つでしょう．

こんな親切に説明されたら自分で考えなくなってしまうんじゃあないかと逆に不安になる，という方は一回目はアンチョコを写経して，次は見ずに自力で計算してみる，というのがおすすめ．

このアンチョコで挫折しない PRML ライフを楽しんでくださいね！

……と，普通ならここで話は終わるはずだったのですが，サイボウズ・ラボには竹迫さんという，いつも超本気で冗談をする人がいまして[*2]，いつのまにかこの PRML アンチョコが PRML によく似た装丁の同人誌（本物の ISBN コード付き！）になっていたんです．といっても，いきなり何千冊も刷るなんて冒険はさすがにできなくて，言語処理学会での宣伝用に見本誌を数部作っただけでした．が，これが各方面で思いのほか評判を呼び，本格的にまとまった部数作ろうじゃあないかという話になり，あれよあれよと，この「パターン認識

[*1] このライセンスは原著作者のクレジットを表示すれば自由に複製・配布できます．また，著作物を二次加工したり，二次加工物を商用利用もできます．`http://creativecommons.org/licenses/by/3.0/deed.ja`．

[*2] 2015 年に株式会社リクルートマーケティングパートナーズに転職．

と機械学習の学習」がこんな立派な形で今読んでいらっしゃるみなさんのお手元に届くことになりました．

というわけで社内読書会の言い出しっぺとして拙い序文を書かせていただきました．最後に，厳しい読書会について来てくれたサイボウズ・ラボの同僚と，大元の PRML 読書会を主催してくださった naoya_t さんおよび参加者のみなさんに感謝を捧げます．

社内 PRML 読書会 主宰 ： 中谷 秀洋

著者より　本書は PRML に登場する数式を理解するために必要な数学をまとめたものです．いくつかの定理は証明せずに認めますが, 可能な限り自己完結を目指しました．概ね PRML に従ってますが, 違う方法をとっているところもあります．間違い, 質問などございましたら, herumi@nifty.com または Twitter:@herumi までご連絡ください．

2017 年の普及版では五代さんが隅々まで細かい校正・修正作業をしてくださいました．この場を借りてお礼を申し上げます．

なおまえがきにある通り, この本の PDF 版をまるごと無償で https://herumi.github.io/prml/ にて公開しています．「数式は紙に書かれたものを鉛筆で追わないと頭に入らない」人（私だ）でなければそちらでもよいでしょう．

著者 ： 光成 滋生

目次

第 1 章　確率 5

1.1　確率空間 5

1.2　σ 加法族 6

1.3　確率変数の定義 6

1.4　確率変数のこころ 6

1.5　ベイズの定理 7

第 2 章　「確率分布」のための数学 8

2.1　微積分の復習 8

2.1.1　微分の定義 8

2.1.2　変数変換 9

2.1.3　奇関数の積分 9

2.1.4　$\exp\left(-x^2\right)$ の積分 10

2.1.5　ガウス分布の積分 10

2.2　線形代数の復習 11

2.2.1　行列の積 11

2.2.2　トレース 11

2.2.3　行列式 12

2.2.4　行列の種類 12

2.2.5　ブロック行列の逆行列 13

2.2.6　三角化 14

2.2.7　対称行列 14

2.2.8　2 次形式 15

2.3　多変量ガウス分布 15

2.4 行列の微分 16
2.4.1 2 次形式の別の表現 16
2.4.2 内積の微分 16
2.4.3 2 次形式の微分 17
2.4.4 逆行列の微分 17
2.4.5 行列式の対数の微分の公式 (1) 17
2.4.6 行列式の対数の微分の公式 (2) 18
2.5 ガウス分布の最尤推定 19
第 3 章 「線形回帰モデル」のための数学 20
3.1 微分の復習 20
3.2 誤差関数の最小化 20
3.3 正射影 21
3.4 行列での微分 21
3.5 Woodbury の逆行列の公式 21
3.6 正定値対称行列 22
3.7 予測分布の分散 22
3.8 カルバック距離 23
3.9 エビデンス関数の評価の式変形 24
3.10 ヘッセ行列 24
3.11 エビデンス関数の最大化の式変形 25
3.12 パラメータの関係 26
第 4 章 「線形識別モデル」のための数学 27
4.1 クラス分類問題 27
4.2 行列の微分の復習 28
4.3 多クラス 28
4.4 分類における最小二乗 29
4.5 フィッシャーの線形判別 29
4.6 最小二乗との関連 30
4.7 確率的生成モデル 32
4.8 連続値入力 32
4.9 最尤解 33
4.10 ロジスティック回帰 34
4.11 反復再重み付け最小二乗 35
4.12 Jensen の不等式 36
4.13 多クラスロジスティック回帰 37
4.14 プロビット回帰 38
4.15 正準連結関数 38
4.16 ラプラス近似 39
4.17 モデルの比較と BIC 40
4.18 ディラックのデルタ関数 41
4.19 ロジスティックシグモイド関数とプロビット関数の逆関数 41
4.20 ベイズロジスティック回帰 43

第 5 章 「ニューラルネットワーク」の補足 45
5.1 フィードフォワードネットワーク関数 45
5.2 ネットワーク訓練 46
5.2.1 問題に応じた関数の選択 46
5.3 局所二次近似 47
5.4 誤差関数微分の評価 48
5.5 外積による近似 49
5.6 ヘッセ行列の厳密な評価 49
5.6.1 両方の重みが第 2 層にある 50
5.6.2 両方の重みが第 1 層にある 50
5.6.3 重みが別々の層に一つずつある 50
5.7 ヘッセ行列の積の高速な計算 51
5.8 ソフト重み共有 52
5.9 混合密度ネットワーク 53
5.10 クラス分類のためのベイズニューラルネットワーク 55
第 9 章 「混合モデルと EM」の数式の補足 55
9.1 復習 56
9.1.1 行列の公式 56
9.1.2 微分 56
9.1.3 ガウス分布 56
9.2 混合ガウス分布 56
9.3 混合ガウス分布の EM アルゴリズム 57
9.4 混合ガウス分布再訪 58
9.5 K-means との関連 60
9.6 混合ベルヌーイ分布 60
9.7 ベイズ線形回帰に関する EM アルゴリズム 62
9.8 一般の EM アルゴリズム 63
9.9 混合ガウス分布のオンライン版 EM アルゴリズム 64
第 10 章 「近似推論法」の数式の補足 65
10.1 この章でよく使われる公式 65
10.1.1 ガンマ関数 65
10.1.2 ディリクレ分布 65
10.1.3 ガンマ分布 65
10.1.4 正規分布（ガウス分布） 65
10.1.5 スチューデントの t 分布 65
10.1.6 ウィシャート分布 66
10.1.7 行列の公式 66
10.1.8 カルバック距離 66
10.2 下限と下界 66
10.3 分解による近似の持つ性質 67
10.4 α ダイバージェンス 68
10.5 例：一変数ガウス分布 68

10.6 モデル比較 69
10.6.1 変分混合ガウス分布 70
10.6.2 変分事後分布 70
10.7 変分下限 73
10.8 予測分布 77
第 11 章 「サンプリング法」のための物理学 79
11.1 「11.5.1 力学系」のところを違う方法で説明する試み 79
11.2 統計力学 79
11.3 ボルツマン因子 79
11.4 ポテンシャルエネルギー 80
11.5 サンプリングへの応用 81
11.6 注意点 82
11.6.1 はみだしコラム「分配関数 Z は z の関数なのか？」 83
11.6.2 さらに註……というかもはや追記 84
11.7 余談 85
11.8 Verlet 法 85
索引 87

第 1 章 確率

この章では確率の定義の紹介をする．厳密な確率のはなしをするのは難しいが，何が問題なのかが分かる程度に確率の用語の定義を眺めてみよう．

1.1 確率空間 まず確率空間の定義から始める．

定義 1．確率空間 $(\Omega, \mathcal{F}, P)$ とは

1. Ω をある集合
2. $\mathcal{F}$ を Ω を含む Ω の部分集合の集合で σ 加法族であるもの
3. P を $\mathcal{F}$ から実数全体 $\mathbb{R}$ への写像 $P\colon \mathcal{F} \to \mathbb{R}$ で次を満たすもの
   (a) $P(E) \geq 0$
   (b) $E_1, E_2, \ldots$ が互いに素（共通部分が無い）なら $P(\bigcup_i E_i) = \sum_i P(E_i)$
   (c) $P(\Omega) = 1$

からなる三つ組のことである．

σ 加法族については後で触れるとして，それ以外は難しい言葉ではない．Ω が有限集合の場合は $\mathcal{F}$ は Ω の部分集合全体としてよい．

Ω の元を標本点，$\mathcal{F}$ の元を事象，事象 $E(\in \mathcal{F})$ に対して，$P(E)$ を事象 E の確率という．

写像 P の条件は素朴に持ってる確率のイメージを素直に書き下したものである．E の補集合を E^c と書くと，条件 (b) と条件 (c) から $P(E) + P(E^c) = P(E \cup E^c) = P(\Omega) = 1$．よって $P(E^c) = 1 - P(E)$．条件 (a) から $0 \leq P(E) \leq 1$ となる．とくに $E = \Omega$ を考えると $P(\emptyset) = 1 - P(\Omega) = 0$．

Ω としては，たとえば

- コイントスなら $\Omega = \{$ 表, 裏 $\}$
- サイコロなら $\Omega = \{1, 2, 3, 4, 5, 6\}$
- $[0, 1]$ 区間の一様分布なら $\Omega = [0, 1]$

などが考えられる．

たとえばサイコロについて $P(1)+\cdots+P(6)=1$. もしどの目も同じ確率が出るなら $P(1)=\cdots=P(6)=1/6$ となる. 事象1と事象2には互いに素なので1か2が出る確率は $P(1\cup 2)=P(1)+P(2)=2/6=1/3$ となる.

1.2 σ 加法族 さて次に σ 加法族の定義を紹介する.

定義 2. 集合 $\mathcal{F}$ の任意の元（つまり Ω のある部分集合）A, B について $A\cup B$, $A\cap B$, A^c（A の補集合）も $\mathcal{F}$ の元であるとき, $\mathcal{F}$ は集合の演算（合併, 共通部分, 補集合）に関して閉じているという. $\mathcal{F}$ が可算回の集合の演算に関して閉じているとき $\mathcal{F}$ を σ 加法族という.

これは, 事象 A や B の確率を考えるなら $A\cup B$ や $A\cap B$ の確率も考えたい, 事象 E の確率 $P(E)$ を考えるなら, その余事象の確率 $P(E^c)$ も当然考えたいという要請からくる. そしてその操作は可算無限回ぐらいはしたいよねと.

たとえばサイコロの目のどれかが出る事象 $\{1\}$, $\{2\}$, ..., $\{6\}$ について, それらの任意の合併を考えると $\mathcal{F}$ は Ω の部分集合の全体 $2^6=64$ 個の要素からなる（空集合も含む).

ここで,「それなら何故最初から $\mathcal{F}=$“Ω の部分集合全体”としないのか」という疑問がわく. 素朴にはそれでよく, 実際 $\mathcal{F}$ が有限集合ならそれで何も問題ない. ところが, たとえば $\Omega=[0,1]$ などの無限個の集合のときに困ることがある. そういうところでの確率の計算は積分に置き換わるのだが, Ω の部分集合の中には面積（測度）を定義できないものが存在する. そういうへんちくりんなものは取り除いておきたいので Ω の部分集合全体ではなく σ 加法族という概念が使われている.

ざっくりいうと確率空間 $(\Omega,\mathcal{F},P)$ とは, 事象の全体 Ω と, Ω の“都合のよい”部分集合全体 $\mathcal{F}$ と, $\mathcal{F}$ の各元に素朴な確率を割り当てたものである.

1.3 確率変数の定義 最後にこれから頻繁に登場する確率変数の定義を見よう. $P(X\le 0.5)$ のような表記をよく見かけるし, 名前から見ても変数だろうと思うのだが実際のところは何なのだろう.

定義 3. $(\Omega,\mathcal{F},P)$ を確率空間とする. $X\colon\Omega\to\mathbb{R}$ が $\mathcal{F}$ 可測なとき, X を確率変数という.

なんと X とは標本の全体から実数への写像であった.

ここで X が $\mathcal{F}$ 可測であるとは任意の $a\in\mathbb{R}$ に対して, 開区間 $(-\infty,a)$ の写像 X による逆像 $X^{-1}((-\infty,a)):=\{\omega\in\Omega\,|\,X(\omega)<a\}$ が $\mathcal{F}$ に含まれることをいう.

いくつか例で考える. $(-\infty,a)$ の逆像が $\mathcal{F}$ の元なら $\mathcal{F}$ が σ 加法族なのでその補集合 $[a,\infty)^c$ の逆像もまた $\mathcal{F}$ の元である.

区間 $[a,b)$ は $[a,b)=(-\infty,b)\cap[a,\infty)$ なので $[a,b)$ の逆像も $\mathcal{F}$ の元になる.

$\bigcap_{n>0}[a,b+1/n)=[a,b]$ なので $[a,b]$ の逆像も $\mathcal{F}$ の元, (a,b) の逆像も $\mathcal{F}$ の元…….

というわけで, これは区間 (a,b) から集合の演算の可算回の操作でできる全ての集合（これを $\mathbb{R}$ のボレル集合 $B(\mathbb{R})$ という）の逆像も $\mathcal{F}$ の元ということを含んでる.

$\mathbb{R}$ の部分集合全体 $2^{\mathbb{R}}$ の中にはルベーグ可測という積分が出来てうれしい部分集合の全体 $L(\mathbb{R})$ がある. そしてボレル集合 $B(\mathbb{R})$ の元は全てルベーグ可測である. つまり

$$\text{ボレル集合}\subset\text{ルベーグ可測集合}\subset\mathbb{R}\text{ の部分集合全体}$$

という関係がある.

細かいことを言えば, $B(\mathbb{R})$ は $L(\mathbb{R})$ より真に小さく, $L(\mathbb{R})$ は $2^{\mathbb{R}}$ より真に小さい.

1.4 確率変数のこころ 前節の話だけではなんだかよくわからないのでもう少し考える.

確率空間 $(\Omega,\mathcal{F},P)$ と確率変数 $X\colon\Omega\to\mathbb{R}$ があったときに, $\Phi\colon B(\mathbb{R})\to[0,1]$ を $\Phi(A):=P(X^{-1}(A))$ で定義する.

X の定義から $B(\mathbb{R})$ の元 A の逆像 $X^{-1}(A)$ は $\mathcal{F}$ の元であるから確率 P を求められる. $\varPhi$ が確率の定義 (a), (b), (c) を満たしているのはほぼ明らか. よって $(\mathbb{R}, B(\mathbb{R}), \varPhi)$ という確率空間を構成できた.

これは一体何をしたのかコイントスで具体的に見てみよう. 確率空間は

$$(\Omega = \{\text{表}, \text{裏}\},\ \mathcal{F} = \{\emptyset, \{\text{表}\}, \{\text{裏}\}, \{\text{表}, \text{裏}\}\},\ P(\{\text{表}\}) = P(\{\text{裏}\}) = 1/2)$$

である.

確率変数 X は Ω から $\mathbb{R}$ への写像なので $X(\text{表}) := 0$, $X(\text{裏}) := 1$ としてみよう.

すると $X^{-1}(\{0\}) = \{\text{表}\}$, $X^{-1}(\{1\}) = \{\text{裏}\}$, $X^{-1}(\{0, 1\}) = \{\text{表}, \text{裏}\}$ となる.

X を通して作られた確率空間 $(\mathbb{R}, B(\mathbb{R}), \varPhi)$ は

$$\left(\Omega' = \{0, 1\},\ \mathcal{F}' = \{\emptyset, \{0\}, \{1\}, \{0, 1\}\},\ \varPhi(\{0\}) = \varPhi(\{1\}) = 1/2\right)$$

である.

ここで $\varPhi = P \cdot X^{-1}$ を P と同じものとみなして $P(X = \text{裏}) = 1/2$ と記すことがある. 要はいつまでも $\Omega = \{\text{表}, \text{裏}\}$ とかでやっていたくないので $\mathbb{R}$ にマップして $(\mathbb{R}, B(\mathbb{R}), \varPhi)$ で考えたいという意図である.

同様に正規分布の場合は $\Omega = \mathbb{R}$, $\mathcal{F} = B(\mathbb{R})$, $P(A) = \left(1/\sqrt{2\pi}\right) \int_A \exp\left(-x^2/2\right) dx$, $X \colon \Omega = \mathbb{R} \ni x \mapsto x \in \mathbb{R}$ としてみる.

本当は $x \in \mathbb{R}$ に対して $P(X^{-1}((-\infty, x]))$ を考えているのだけど, これをざっくり $P(X \leq x)$ と書いたりする. 略記した瞬間に写像だったものがあたかも変数であるかのように見えるようになった. そして実際その感覚で扱えるように定義されている.

まとめると, 部分集合全体を考えたいのだけど, それだと病的なケースがあるのでそれを避けるために都合のよい部分集合を考えた.

確率空間がいろんな形をしてると面倒なので $\mathbb{R}$ 上で考えるように確率変数という写像を用意した.

素朴な確率の表記と整合性をとれるように $P(X^{-1}(A))$ を $P(X \in A)$ と略記した. つまり, $P(X < 0)$ は, $P(X^{-1}((-\infty, 0))) = P(\{\omega \in \Omega \mid X(\omega) < 0\})$ の略記法なのである.

ということで, 確率変数は本当は写像なのだが変数に見える記法が使われていたのだった.

1.5　ベイズの定理

事象 A, B について

$$P(A \mid B) := \frac{P(A \cap B)}{P(B)}$$

を B における A の条件付き確率という.

たとえば手元にあるメール 100 通のうち 70 通がスパムで, スパムメールの中に"投資"という単語が入っているのが 49 通だったとする. このとき A をその単語が入っているという事象, B をスパムメールであるという事象とすると条件付き確率 $P(A \mid B)$ はスパムメールの中に投資が入っている確率で 49/70 となる.

分母を払い, A と B を交換すると

$$P(A \cap B) = P(A \mid B)\, P(B) = P(B \mid A)\, P(A).$$

よって

$$P(B \mid A) = \frac{P(A \mid B)\, P(B)}{P(A)}.$$

これをベイズの定理という.

$A = (A \cap B) \cup (A \cap B^c)$ で $(A \cap B) \cap (A \cap B^c) = \emptyset$ なので確率の和の性質から

$$P(A) = P(A \cap B) + P(A \cap B^c) = P(A \mid B)\, P(B) + P(A \mid B^c)\, P(B^c).$$

よって

$$P(B\,|\,A) = \frac{P(A\,|\,B)\,P(B)}{P(A\,|\,B)\,P(B) + P(A\,|\,B^c)\,P(B^c)}.$$

スパムである確率 $P(B)$ と, メールを調べることによって得られるスパムの中に投資が入っていた確率 $P(A\,|\,B)$ から, 投資が入っていたときにそれがスパムである確率 $P(B\,|\,A)$ を計算できる.

$P(B)$ を事前確率, $P(B\,|\,A)$ を事後確率という. 言い換えると事前確率と, 観測により得られた条件付き確率 $P(A\,|\,B)$ から事後確率を求められる.

この考え方を出発点として今後さまざまな値を予測, 推測していく.

第2章 「確率分布」のための数学

この章では PRML の2章, ガウス分布を理解するために必要な数学をまとめた. ガウス分布の最尤推定の式変形をきちんと追えるようになることが目標である. 微積分や行列計算を忘れている人はしっかりと思い出そう.

2.1 微積分の復習

2.1.1 微分の定義 微分の積の公式も忘れたなあという人のために, 微分について軽く復習しておこう. 関数 $y = f(x)$ が与えられたとき, 点 $x = a$ における微分係数 $f'(a)$ とはその点でのグラフの接線の傾きのことであった.

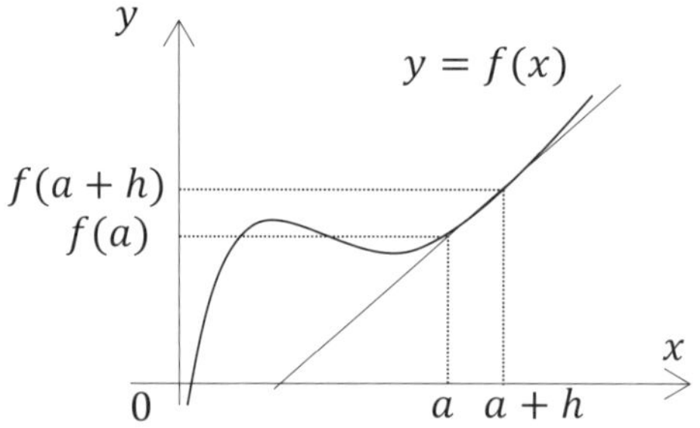

図 2.1 $y = f(x)$

h が十分小さい値ならば, $x = a$ での接線の傾きは区間 $[a, a+h]$ での平均の傾きで近似できるだろう：

$$f'(a) = (a\text{における傾き}) \approx \frac{f(a+h) - f(a)}{(a+h) - a} = \frac{f(a+h) - f(a)}{h}.$$

両辺を h 倍して移項すると

$$f(a+h) \approx f(a) + f'(a)h.$$

この式は f の点 a における値 $f(a)$ と傾き $f'(a)$ で a の付近の値を直線で近似したということを表している (h について線形). a を x で置き換えて

$$f(x+h) = f(x) + f'(x)h + \epsilon$$

と書くことにする. ϵ は h に比べて十分小さい h の関数である.

さて, 二つの関数 $f(x)$ と $g(x)$ があったとき, その積の関数 $s(x) = f(x)g(x)$ の微分はどうなるだろうか.

$$f(x+h) = f(x) + f'(x)h + \epsilon_1$$
$$g(x+h) = g(x) + g'(x)h + \epsilon_2$$

を $s(x+h)$ に代入して計算してみよう：

$$\begin{aligned} s(x+h) &= f(x+h)g(x+h) = \big(f(x)+f'(x)h+\epsilon_1\big)\big(g(x)+g'(x)h+\epsilon_2\big) \\ &= f(x)g(x) + (f'(x)g(x)+f(x)g'(x))h + (h \text{ より十分小さい}) \\ &= s(x) + (f'(x)g(x)+f(x)g'(x))h + \epsilon_3 \end{aligned}$$

となる．つまり

$$(f(x)g(x))' = f'(x)g(x) + f(x)g'(x)$$

が成り立つ．これが積の微分である．

もう一つ試してみよう．今度は $y=f(x)$ と $z=g(y)$ という関数があったときにその合成関数 $z=g(f(x))$ の微分を考えてみる．

$$\begin{aligned} g(f(x+h)) &= g(f(x)+f'(x)h+\epsilon_1) = g(f(x)) + g'(f(x))(f'(x)h+\epsilon_1) + \epsilon_2 \\ &= g(f(x)) + g'(f(x))f'(x)h + \epsilon_3. \end{aligned}$$

つまり

$$(g(f(x)))' = g'(f(x))f'(x)$$

が成り立つ．これは合成関数の微分である．$dy/dx = f'(x)$ という微分の記号を使うと

$$\frac{d(g(f(x)))}{dx} = \left.\frac{dg}{dy}\right|_{y=f(x)} \frac{dy}{dx}.$$

dy/dx という記号があたかも約分できるように見えるのが面白い．変数変換ではこの記法が活躍する．

2.1.2　変数変換

$$\int f(x)\,dx$$

で $x=g(y)$ とすると $dx = g'(y)\,dy$ より

$$\int f(g(y))\,g'(y)\,dy.$$

多変数関数の場合は $g'(y)$ の部分がヤコビ行列の行列式（ヤコビアン）になる．

$x_i = g_i(y_1,\ldots,y_n)$ for $i=1,\ldots,n$ とすると

$$\det\left(\frac{\partial(x_1,\ldots,x_n)}{\partial(y_1,\ldots,y_n)}\right) = \det\left(\frac{\partial x_i}{\partial y_j}\right).$$

ヤコビアンは変数変換したときのある点における微小区間の拡大率を意味する．

適当な条件の下で

$$\begin{aligned} &\int\cdots\int f(x_1,\ldots,x_n)\,dx_1\cdots dx_n \\ &= \int\cdots\int f\left(g_1(y_1,\ldots,y_n),\ldots,g_n(y_1,\ldots,y_n)\right)\left|\det\left(\frac{\partial x_i}{\partial y_j}\right)\right| dy_1\cdots dy_n. \end{aligned}$$

2.1.3　奇関数の積分　全ての x について $f(-x)=f(x)$ が成り立つとき f を偶関数，$f(-x)=-f(x)$ が成り立つとき f を奇関数という．奇関数 f について

$$I := \int_{-\infty}^{\infty} f(x)\,dx = 0.$$

なぜなら $I = \int_{-\infty}^0 f(x)\,dx + \int_0^\infty f(x)\,dx$ と積分区間を半分にわけてみよう．第 1 項で $x=-y$ と変数変換すると $f(x)\,dx = -f(-y)\,dy = f(y)\,dy$ となる．積分範囲は ∞ から 0 になり，向きが逆転するので入れ換えると符号がひっくり返る．よって 第 1 項 $= -\int_0^\infty f(y)\,dy$．第 2 項と打ち消しあって $I=0$ となるからである．

$\boldsymbol{x}$ が n 次元ベクトルのときも同様に全ての $\boldsymbol{x}$ について $f(-\boldsymbol{x}) = -f(\boldsymbol{x})$ となるとき f を奇関数という．やはり

$$I := \int_{-\infty}^{\infty} \cdots \int_{-\infty}^{\infty} f(\boldsymbol{x})\,dx_1 \cdots dx_n = 0.$$

なぜなら

$$I = \int_{-\infty}^{0} \int_{-\infty}^{\infty} \cdots \int_{-\infty}^{\infty} + \int_{0}^{\infty} \int_{-\infty}^{\infty} \cdots \int_{-\infty}^{\infty}$$

と二つの領域に分けて $\boldsymbol{x} = -\boldsymbol{y}$ と変数変換すると，$d\boldsymbol{x} = (-1)^n d\boldsymbol{y}$．第1項の積分範囲は $(0, -\infty) \times (\infty, -\infty) \times \cdots \times (\infty, -\infty)$ になり，第2項の積分範囲に合わせると $(-1)^n$ がでる．よって $f(-\boldsymbol{y}) = -f(\boldsymbol{y})$ を使うと

$$I = \int_{0}^{\infty} \int_{-\infty}^{\infty} \cdots \int_{-\infty}^{\infty} f(-\boldsymbol{y})\,d\boldsymbol{y} + \int_{0}^{\infty} \int_{-\infty}^{\infty} \cdots \int_{-\infty}^{\infty} f(\boldsymbol{x})\,d\boldsymbol{x} = 0.$$

2.1.4 $\exp\left(-x^2\right)$ の積分

$$I := \int_{0}^{\infty} \exp\left(-x^2\right) dx$$

とおくと

$$I^2 = \int_{0}^{\infty} \int_{0}^{\infty} \exp\left(-(x^2 + y^2)\right) dxdy.$$

ここで $x = r\cos(\theta)$, $y = r\sin(\theta)$ と置くと $x^2 + y^2 = r^2$．ヤコビアンは

$$\det\left(\frac{\partial(x,y)}{\partial(r,\theta)}\right) = \begin{vmatrix} \cos\theta & -r\sin\theta \\ \sin\theta & r\cos\theta \end{vmatrix} = r(\cos^2\theta + \sin^2\theta) = r.$$

積分範囲は x, y が (x,y) 平面の第一象限全体なので r は 0 から ∞, θ は 0 から $\pi/2$ を渡る．よって

$$I^2 = \int_{0}^{\pi/2} \int_{0}^{\infty} \exp\left(-r^2\right) r\,drd\theta = \frac{\pi}{2}\left[-\frac{1}{2}\exp\left(-r^2\right)\right]_{0}^{\infty} = \frac{\pi}{4}.$$

よって $I = \sqrt{\pi}/2$．x^2 は偶関数なので積分範囲を $-\infty$ から ∞ にすると2倍になって

$$\int_{-\infty}^{\infty} \exp\left(-x^2\right)\,dx = \sqrt{\pi}.$$

本当は積分の順序を交換したりしているところを気にしないといけないが，ここでは自由に交換できるものと思っておく．

2.1.5 ガウス分布の積分 前節の積分で $a > 0$ をとり $x = \sqrt{a}\,y$ とすると $dx = \sqrt{a}\,dy$．

$$\int_{-\infty}^{\infty} \exp\left(-x^2\right) dx = \int_{-\infty}^{\infty} \exp\left(-ay^2\right) \sqrt{a}\,dy = \sqrt{\pi}.$$

よって

$$\int_{-\infty}^{\infty} \exp\left(-ax^2\right) dx = \sqrt{\pi/a}.$$

ここで両辺を a に関して微分する．積分の中身は $(\partial/\partial a)\exp\left(-ax^2\right) = -x^2\exp\left(-ax^2\right)$．気にせず積分と微分を交換することで

$$-\int_{-\infty}^{\infty} x^2 \exp\left(-ax^2\right) dx = -\frac{1}{2}\sqrt{\pi}a^{-3/2}.$$

$a = 1/(2\sigma^2)$ と置き換えることで

$$\int_{-\infty}^{\infty} \exp\left(-\frac{1}{2\sigma^2}x^2\right) dx = \sqrt{2\pi}\sigma, \tag{2.1}$$

$$\int_{-\infty}^{\infty} x^2 \exp\left(-\frac{1}{2\sigma^2}x^2\right) dx = \sqrt{2\pi}\sigma^3. \tag{2.2}$$

式 (2.1) は正規化項が $\sqrt{2\pi}\sigma$ であることを示している．つまりガウス分布を

$$\mathcal{N}(x \mid \mu, \sigma^2) := \frac{1}{\sqrt{2\pi}\sigma} \exp\left(-\frac{1}{2\sigma^2}(x-\mu)^2\right)$$

とすると

$$\int_{-\infty}^{\infty} \mathcal{N}(x \mid \mu, \sigma^2)\, dx = 1.$$

平均は

$$x\mathcal{N}(x \mid \mu, \sigma^2) = (x-\mu)\mathcal{N}(x \mid \mu, \sigma^2) + \mu\mathcal{N}(x \mid \mu, \sigma^2)$$

とわけると，第 1 項は $(x-\mu)$ に関して奇関数なので積分すると消えて

$$\mathbb{E}[x] := \int_{-\infty}^{\infty} x\mathcal{N}(x \mid \mu, \sigma^2)\, dx = \mu.$$

分散は

$$\mathrm{var}[x] := \mathbb{E}[(x-\mu)^2] = \int_{-\infty}^{\infty} (x-\mu)^2 \mathcal{N}(x \mid \mu, \sigma^2)\, dx.$$

$y = x - \mu$ と変数変換すると式 (2.2) の左辺を正規化項 $\sqrt{2\pi}\sigma$ で割ったものとなり，

$$\mathbb{E}[(x-\mu)^2] = \sigma^2.$$

2.2　線形代数の復習

2.2.1　行列の積　以下，特に断らない限り行列の数値は複素数とする．

A を m 行 n 列の行列とする．横に n 個，縦に m 個数字が並んでいる．A の i 行 j 列の値が a_{ij} であるとき，$A = (a_{ij})$ と書く．$m = n$ のとき n 次正方行列という．並んでいる数字が実数値のみからなる行列を実行列という．

A を l 行 m 列の行列，B を m 行 n 列の行列とするとき，積 AB を $(AB)_{ij} := \sum_{k=1}^{n} a_{ik}b_{kj}$ で定義する．AB は l 行 n 列の行列になる．

1. A, B が正方行列だったとしても $AB = BA$ とは限らない．
2. A, B, C がその順序で掛け算できるとき $(AB)C = A(BC)$ が成り立つ．
   なぜなら $((AB)C)_{ij} = \sum_k (AB)_{ik}c_{kj} = \sum_k \left(\sum_l a_{il}b_{lk}\right) c_{kj} = \sum_{k,l} a_{il}b_{lk}c_{kj}$.
   $A(BC)_{ij} = \sum_l a_{il}(BC)_{lj} = \sum_l a_{il}\left(\sum_k b_{lk}c_{kj}\right) = \sum_{k,l} a_{il}b_{lk}c_{kj}$ だから．

2.2.2　トレース　A が n 次正方行列のとき $\mathrm{tr}(A) := \sum_{i=1}^{n} a_{ii}$ と A のトレースと呼ぶ.

$$\mathrm{tr}(A+B) = \mathrm{tr}(A) + \mathrm{tr}(B).$$

$$\mathrm{tr}(AB) = \mathrm{tr}(BA).$$

なぜなら $\mathrm{tr}(AB) = \sum_i (AB)_{ii} = \sum_i \left(\sum_j a_{ij}b_{ji}\right) = \sum_j \left(\sum_i b_{ji}a_{ij}\right) = \sum_j (BA)_{jj} = \mathrm{tr}(BA)$. 3 個の行列の積については $\mathrm{tr}(ABC) = \sum_i (ABC)_{ii} = \sum_i \left(\sum_{j,k} a_{ij}b_{jk}c_{ki}\right) = \sum_{i,j,k} a_{ij}b_{jk}c_{ki}$ より

$$\mathrm{tr}(ABC) = \mathrm{tr}(BCA) = \mathrm{tr}(CAB).$$

$A = \begin{pmatrix} a & b \\ c & d \end{pmatrix}$ のときは $\mathrm{tr}(A) = a + d$.

2.2.3 行列式

$$A = \begin{pmatrix} a & b \\ c & d \end{pmatrix}$$

のとき, $\det(A) := ad - bc$ を A の行列式という. $|A|$ とも書く. $|A|$ は絶対値の記号ではないので 0 以上とは限らないことに注意する. 一般には次のように定義する:

S_n を $1, \ldots, n$ の順序を並び替える操作全体の集合とする. たとえば S_2 は何も動かさない操作と 1 を 2 に, 2 を 1 に並び替える操作の二つの操作からなる. n 個の要素を並び替える組み合わせは $n \times (n-1) \times \cdots \times 1 = n!$ 通りある.

$D := \prod_{i<j}(x_i - x_j)$ とし, $S_n \ni \sigma$ に対して $\sigma D := \prod_{i<j}\left(x_{\sigma(i)} - x_{\sigma(j)}\right)$ とすると,D と σD は符号しか変わらない. $\sigma D = \mathrm{sgn}(\sigma) D$ で $\mathrm{sgn}(\sigma) \in \{1, -1\}$ を定義する.

$\{\sigma(1), \ldots, \sigma(n)\}$ を 2 個ずつ順序を入れ換えて $\{1, \ldots, n\}$ に並び替えられたとき, 偶数回でできたら $\mathrm{sgn}(\sigma) = 1$, 奇数回でできたら $\mathrm{sgn}(\sigma) = -1$ である. これを使って行列式を定義する.

A を n 次正方行列 (n 行 n 列) とするとき,

$$\det(A) := \sum_{\sigma \in S_n} \mathrm{sgn}(\sigma)\, a_{1\sigma(1)} \cdots a_{n\sigma(n)}.$$

A が 2 次正方行列のときを見直してみる. S_2 は 2 個の要素しかもたなかった. 一つは何も動かさない操作でそれに対して sgn は 1. もう一つは 1 と 2 を入れ換える操作で sgn は -1 となる. よって

$$\det(A) = |A| = a_{11}a_{22} - a_{12}a_{21}.$$

ここで二つの n 次正方行列 A, B に対して $|AB| = |A||B|$ が成り立つ. 2 次のときのみ確認しておこう.

$$A = \begin{pmatrix} a & b \\ c & d \end{pmatrix}, \quad B = \begin{pmatrix} x & y \\ z & w \end{pmatrix}$$

とするとき,

$$\begin{aligned} |AB| &= \begin{pmatrix} ax + bz & ay + bw \\ cx + dz & cy + dw \end{pmatrix} = (ax + bz)(cy + dw) - (ay + bw)(cx + dz) \\ &= (ad - bc)(xw - yz) = \begin{vmatrix} a & b \\ c & d \end{vmatrix} \begin{vmatrix} x & y \\ z & w \end{vmatrix} = |A||B|. \end{aligned}$$

一般のときの証明は省略する.

2.2.4 行列の種類 A を m 行 n 列の行列とする. A に対して $A^{\boldsymbol{T}} := (a_{ji})$ を A の転置行列という. これは n 行 m 列の行列である. $\det(A^{\boldsymbol{T}}) = \det(A)$, $(AB)^{\boldsymbol{T}} = B^{\boldsymbol{T}} A^{\boldsymbol{T}}$ である.

$x, y \in \mathbb{R}$ として $z := x + y\sqrt{-1} \in \mathbb{C}$ に対し $\overline{z} := x - y\sqrt{-1}$ を z の複素共役という. $a_{ij} \in \mathbb{C}$ のとき, $\overline{A} := (\overline{a_{ij}})$ を A の複素共役行列, $A^* := \overline{A^{\boldsymbol{T}}}$ を随伴行列という. $\det(\overline{A}) = \overline{\det(A)}$, $\det(A^*) = \overline{\det(A)}$, $(AB)^* = B^* A^*$ である.

A が n 次正方行列のとき, a_{ii} を対角成分という. 対角成分以外の項が 0 である行列を対角行列といい $\mathrm{diag}(a_1, \ldots, a_n)$ と書く. また,

$$\delta_{ij} := \begin{cases} 1 & (i = j), \\ 0 & (i \neq j) \end{cases}$$

をクロネッカーの δ といい, $I_n := (\delta_{ij})$ を n 次単位行列という. I と略すこともあるし E と書くこともある. このとき $AI_n = I_n A = A$ である.

A が n 次正方行列で, $\det(A) \neq 0$ のとき A を正則といい, $AB = BA = I$ となる行列 B が存在する. B を逆行列といい, A^{-1} と書く.

1. 逆行列は存在すればただ一つである．なぜなら B, B' を逆行列とすると $B = BI = B(AB') = (BA)B' = IB' = B'$.
2. 有限次元では $AB = I$ ならば $BA = I$ である（証明は略）．つまり $AB = I$ だが $BA \neq I$ なものは存在しない（無限次元ではそのような行列を構成できる）．

n 次正方行列 A について

1. $\det(A) \neq 0$ なもの全体を $GL_n(\mathbb{C})$ と書く．実正則行列全体は $GL_n(\mathbb{R})$ と書く．
2. $\det(A) = 1$ なもの全体を $SL_n(\mathbb{C})$ と書く．実行列のときは $SL_n(\mathbb{R})$.
3. $AA^* = I$ となるときユニタリー行列といい，その全体を $U(n)$ と書く．このとき $|AA^*| = |\det(A)|^2 = 1$. ここで $|\det(A)|$ は $\det(A)$ の（複素数としての）絶対値である．ユニタリー行列であって，更に $\det(A) = 1$ なもの全体を $SU(n)$ と書く．
4. 実行列 A が $AA^{\boldsymbol{T}} = I$ となるとき，直交行列といい，その全体を $O(n)$ と書く．このとき $|\det(A)|^2 = 1$. $\det(A) \in \mathbb{R}$ なので $\det(A) = \pm 1$. $\det(A) = 1$ なもの全体を $SO(n)$ と書く．
5. $A = A^{\boldsymbol{T}}$ となるとき対称行列という．

2.2.5　ブロック行列の逆行列　A, D を正方行列として（B, C は正方行列とは限らない）

$$X := \begin{pmatrix} A & B \\ C & D \end{pmatrix}$$

の逆行列を求めてみよう．逆行列を

$$X^{-1} = \begin{pmatrix} M & N \\ L & P \end{pmatrix}$$

とおくと

$$\begin{pmatrix} A & B \\ C & D \end{pmatrix}\begin{pmatrix} M & N \\ L & P \end{pmatrix} = \begin{pmatrix} AM + BL & AN + BP \\ CM + DL & CN + DP \end{pmatrix} = \begin{pmatrix} I & 0 \\ 0 & I \end{pmatrix}.$$

2-1 ブロックに左から D^{-1} を掛けて $L = -D^{-1}CM$. これを 1-1 ブロックに代入して

$$AM + BL = AM - BD^{-1}CM = (A - BD^{-1}C)M = I.$$

よって $M = (A - BD^{-1}C)^{-1}$. 今度は

$$\begin{pmatrix} M & N \\ L & P \end{pmatrix}\begin{pmatrix} A & B \\ C & D \end{pmatrix} = \begin{pmatrix} MA + NC & MB + ND \\ LA + PC & LB + PD \end{pmatrix} = \begin{pmatrix} I & 0 \\ 0 & I \end{pmatrix}$$

の 1-2 ブロックに右から D^{-1} を掛けて $N = -MBD^{-1}$.

2-2 ブロックに右から D^{-1} を掛けて $P = D^{-1} - LBD^{-1} = D^{-1} + D^{-1}CMBD^{-1}$.

よって $M = (A - BD^{-1}C)^{-1}$ として

$$\begin{pmatrix} M & N \\ L & P \end{pmatrix} = \begin{pmatrix} M & -MBD^{-1} \\ -D^{-1}CM & D^{-1} + D^{-1}CMBD^{-1} \end{pmatrix}.$$

これが X の逆行列となることは容易に確認できる．

（以下余談）$R = MB$, $S = D^{-1}C$ とおくと

$$X = \begin{pmatrix} M^{-1} & 0 \\ 0 & D \end{pmatrix}\begin{pmatrix} I + MBD^{-1}C & MB \\ D^{-1}C & I \end{pmatrix} = \begin{pmatrix} M^{-1} & 0 \\ 0 & D \end{pmatrix}\begin{pmatrix} I + RS & R \\ S & I \end{pmatrix}$$

と変形できることはすぐ分かる．

$$\begin{pmatrix} M^{-1} & 0 \\ 0 & D \end{pmatrix}^{-1} = \begin{pmatrix} M & 0 \\ 0 & D^{-1} \end{pmatrix}, \quad \begin{pmatrix} I + RS & R \\ S & I \end{pmatrix}^{-1} = \begin{pmatrix} I & -R \\ -S & I + SR \end{pmatrix}$$

なので X^{-1} もすぐ求められる．更にこの行列の行列式は 1 なので

$$|X| = \begin{vmatrix} M^{-1} & 0 \\ 0 & D \end{vmatrix} = |M|^{-1}|D| = |A - BD^{-1}C||D|.$$

2.2.6 三角化

n 次正方行列 A に対して $a_{ij}=0\ (i>j)$ のとき（上半）三角行列という．

$$A=\begin{pmatrix} a_{11} & \dots & * \\ \vdots & \ddots & \vdots \\ 0 & \dots & a_{nn} \end{pmatrix}.$$

ここの $*$ は任意の値が入っていることを示す．

このとき $\det(A)=\prod_i a_{ii}$ である．なぜなら行列式の定義で 1 行ごとに異なる列のものをとっていったものの積を考えるわけだが, 最初に a_{11} 以外の $a_{1j}(j>1)$ を選択すると, 残り $n-1$ 個をとる中で 0 でないものは $n-2$ 個しかない．したがって必ず 0 になる．以下同様にして対角成分を拾ったものしか残らないからである．

さて次の定理を証明無しで認める:

定理 4. 任意の n 次正方行列 A に対して, あるユニタリー行列 P があって $P^{-1}AP$ を三角化できる．

（注意）一般の行列が常に対角化できるとは限らないが三角化は常にできる．

2.2.7 対称行列

定理 5. n 次実対称行列 A に対して, ある行列 P が存在して $P^{-1}AP$ を実対角化できる．

定理 4 を用いてこの定理を証明しよう．

A に対してあるユニタリー行列 P があって $P^{-1}AP$ を三角化できる:

$$P^{-1}AP=\begin{pmatrix} \lambda_1 & \dots & * \\ \vdots & \ddots & \vdots \\ 0 & \dots & \lambda_n \end{pmatrix}.$$

この両辺の随伴をとる．P はユニタリー行列なので $PP^*=I$．つまり $P^{-1}=P^*$．さらに A は実対称行列なので $A^*=A$ に注意すると

$$P^*A^*(P^{-1})^*=P^{-1}AP=\begin{pmatrix} \overline{\lambda_1} & \dots & 0 \\ \vdots & \ddots & \vdots \\ * & \dots & \overline{\lambda_n} \end{pmatrix}.$$

この二つの式が同一なので $\overline{\lambda_i}=\lambda_i$ かつ $*$ の部分が 0．これは $\lambda_i\in\mathbb{R}$ で, $P^{-1}AP$ はもともと対角行列であったことを意味する．

実は P が実行列であるようにもできる．そのとき P は直交行列となり $\det(P)=\pm1$．

もし $\det(P)=-1$ だったとすると, I' を単位行列の 1 行目と 2 行目を入れ換えたものとして $P'=PI'$ とおいて

$$P'^{-1}AP'=I'(P^{-1}AP)I'=I'\operatorname{diag}(\lambda_1,\dots,\lambda_n)I'=\operatorname{diag}(\lambda_2,\lambda_1,\lambda_3,\dots,\lambda_n).$$

これはもとの対角成分の 1 番目と 2 番目を入れ換えたものである．$\det(I')=-1, \det(P')=\det(P)\det(I')=1$ なのでもともと $\det(P)=1$ だったとしてもよい．従ってより強く次の定理が成り立つ．

定理 6. n 次実対称行列 A に対して, ある $P\in SO(n)$ が存在して $P^{-1}AP$ を実対角化できる．

なお, PRML では直交行列の行列式が 1 であることを暗に仮定しているときがあるが不正確（cf. (C.37) 付近）．たとえば PRML 式 (2.54) で $\det(J)^2=1$ から $\det(J)=1$ を出しているが, $\det(J)=-1$ の可能性もある．予め U を $SO(n)$ の元としてとっておけば

$$\det(J)=\det(U)=1$$

ですむ．ただし多重積分を考えるときはヤコビアンの絶対値のみが関係するのでここでは

$|\det(J)| = 1$ が言えれば十分である．

2.2.8　2 次形式　A を一般に n 次正方行列とし，$\boldsymbol{x}$ を n 次元縦ベクトルとする．

$$\boldsymbol{x}^{\boldsymbol{T}} A\boldsymbol{x} = \sum_i x_i\,(A\boldsymbol{x})_i = \sum_i x_i \left(\sum_j a_{ij}x_j\right) = \sum_{i,j} a_{ij}x_ix_j \tag{2.3}$$

を x の 2 次形式という．

A が与えられたときに $S = (A + A^{\boldsymbol{T}})/2$, $T = (A - A^{\boldsymbol{T}})/2$ とすると，$A = S + T$, $S^{\boldsymbol{T}} = S$, $T^{\boldsymbol{T}} = -T$ となる．$T^{\boldsymbol{T}} = -T$ ということは $t_{ij} = -t_{ji}$ なので（標数 2 ではないから）$t_{ii} = 0$. 式 (2.3) の和を $i = j$ と $i \neq j$ の二つに分けて $A = T$ として適用すると

$$\boldsymbol{x}^{\boldsymbol{T}} T\boldsymbol{x} = \sum_i t_{ii}x_ix_j + \sum_{i<j}(t_{ij} + t_{ji})x_ix_y.$$

第 1 項は $t_{ii} = 0$ より 0. 第 2 項も $t_{ij} = -t_{ji}$ より 0. つまり $T^{\boldsymbol{T}} = -T$ のとき 2 次形式の値は 0 となる．よって $\boldsymbol{x}^{\boldsymbol{T}} A\boldsymbol{x} = \boldsymbol{x}^{\boldsymbol{T}} S\boldsymbol{x} + \boldsymbol{x}^{\boldsymbol{T}} T\boldsymbol{x} = \boldsymbol{x}^{\boldsymbol{T}} S\boldsymbol{x}$. つまり 2 次形式を考えるときは一般性を失うことなく A を対称行列としてよい．

2 変数のときを見てみる．行列の計算は分かりにくければとりあえず 2 次で書いてみること．

$$\begin{pmatrix} x \\ y \end{pmatrix}^{\boldsymbol{T}} \begin{pmatrix} a & b \\ b & c \end{pmatrix} \begin{pmatrix} x \\ y \end{pmatrix} = \begin{pmatrix} x & y \end{pmatrix} \begin{pmatrix} ax + by \\ bx + cy \end{pmatrix} = ax^2 + 2bxy + cy^2.$$

ブロック行列なら A, C を対称行列として

$$\begin{pmatrix} \boldsymbol{x} \\ \boldsymbol{y} \end{pmatrix}^{\boldsymbol{T}} \begin{pmatrix} A & B \\ B^{\boldsymbol{T}} & C \end{pmatrix} \begin{pmatrix} \boldsymbol{x} \\ \boldsymbol{y} \end{pmatrix} = \begin{pmatrix} \boldsymbol{x}^{\boldsymbol{T}} & \boldsymbol{y}^{\boldsymbol{T}} \end{pmatrix} \begin{pmatrix} A\boldsymbol{x} + B\boldsymbol{y} \\ B^{\boldsymbol{T}}\boldsymbol{x} + C\boldsymbol{y} \end{pmatrix} = \boldsymbol{x}^{\boldsymbol{T}} A\boldsymbol{x} + 2\boldsymbol{x}^{\boldsymbol{T}} B\boldsymbol{y} + \boldsymbol{y}^{\boldsymbol{T}} C\boldsymbol{y}.$$

ここで $\boldsymbol{x}^{\boldsymbol{T}} B\boldsymbol{y}$ はスカラー値なので転置しても変わらない，つまり

$$\boldsymbol{x}^{\boldsymbol{T}} B\boldsymbol{y} = (\boldsymbol{x}^{\boldsymbol{T}} B\boldsymbol{y})^{\boldsymbol{T}} = \boldsymbol{y}^{\boldsymbol{T}} B^{\boldsymbol{T}} (\boldsymbol{x}^{\boldsymbol{T}})^{\boldsymbol{T}} = \boldsymbol{y}^{\boldsymbol{T}} B^{\boldsymbol{T}} \boldsymbol{x}$$

を用いた．対称行列は $SO(n)$ の元 P を用いて対角化できた（$PP^{\boldsymbol{T}} = I$）．$\boldsymbol{y} = P^{-1}\boldsymbol{x}$ とおくと

$$\boldsymbol{x}^{\boldsymbol{T}} A\boldsymbol{x} = \boldsymbol{y}^{\boldsymbol{T}} P^{\boldsymbol{T}} AP\boldsymbol{y} = \boldsymbol{y}^{\boldsymbol{T}} \operatorname{diag}(\lambda_1, \ldots, \lambda_n)\boldsymbol{y} = \sum_{i=1}^n \lambda_i y_i^2.$$

つまり 2 次形式は対角化すれば単なる成分ごとの直和になる．

2.3　多変量ガウス分布

A を n 次実対称行列，$\boldsymbol{x}$ を n 次元縦ベクトルとする．まず

$$f(\boldsymbol{x}) := \exp\left(-\frac{1}{2}\boldsymbol{x}^{\boldsymbol{T}} A^{-1}\boldsymbol{x}\right)$$

を考える．これは $\boldsymbol{x}$ について偶関数である．A を直交行列 P で対角化する．$P^{-1}AP = \operatorname{diag}(\lambda_1, \ldots, \lambda_n)$ より，$P^{-1}A^{-1}P = \operatorname{diag}(\lambda_1^{-1}, \ldots, \lambda_n^{-1})$. $\boldsymbol{y} = P^{-1}\boldsymbol{x}$ と置いて前節の変形を行うと

$$f(\boldsymbol{x}) = \exp\left(-\frac{1}{2}\sum_{i=1}^n \frac{y_i^2}{\lambda_i}\right) = \prod_{i=1}^n \exp\left(-\frac{y_i^2}{2\lambda_i}\right).$$

ここで区間 $(-\infty, \infty)$ の積分を考えるが，そうすると積分値が発散しないためには全ての $\lambda_i > 0$ である必要がある．以下この条件を仮定する．このとき $|A| = \prod_i \lambda_i > 0$.

積分値は式 (2.1) より

$$\int f(\boldsymbol{x})\,d\boldsymbol{x} = \int f(P\boldsymbol{y}) \underbrace{\left|\det\frac{\partial\boldsymbol{x}}{\partial\boldsymbol{y}}\right|}_{=|\det P|=1} d\boldsymbol{y} = \prod_{i=1}^n \sqrt{2\pi\lambda_i} = (2\pi)^{n/2}\sqrt{|A|}.$$

よって

$$\mathcal{N}(\boldsymbol{x} \mid \boldsymbol{\mu}, A) := \frac{f(\boldsymbol{x}-\boldsymbol{\mu})}{(2\pi)^{n/2}\sqrt{|A|}} = \frac{1}{(2\pi)^{n/2}}\frac{1}{\sqrt{|A|}}\exp\left(-\frac{1}{2}(\boldsymbol{x}-\boldsymbol{\mu})^{\boldsymbol{T}}A^{-1}(\boldsymbol{x}-\boldsymbol{\mu})\right)$$

とすると正規化されている．これが多変量版のガウス分布である．

平均値 $\mathbb{E}[\boldsymbol{x}]$ を求めよう:

$$\boldsymbol{x}f(\boldsymbol{x}-\boldsymbol{\mu}) = (\boldsymbol{x}-\boldsymbol{\mu})f(\boldsymbol{x}-\boldsymbol{\mu}) + \boldsymbol{\mu}f(\boldsymbol{x}-\boldsymbol{\mu})$$

とすると第1項は $(\boldsymbol{x}-\boldsymbol{\mu})$ に関して奇関数なので積分すると消える．第2項は $\boldsymbol{\mu}$ が定数で外に出るので

$$\mathbb{E}[\boldsymbol{x}] = \int \boldsymbol{x}\,\mathcal{N}(\boldsymbol{x} \mid \boldsymbol{\mu}, A)\,d\boldsymbol{x} = \boldsymbol{\mu}.$$

次に分散 $\mathrm{var}[\boldsymbol{x}] = \mathbb{E}[(\boldsymbol{x}-\boldsymbol{\mu})(\boldsymbol{x}-\boldsymbol{\mu})^{\boldsymbol{T}}]$ を求めよう: $\boldsymbol{y}$ を $P\boldsymbol{y} = \boldsymbol{x}-\boldsymbol{\mu}$ となるようにおくと

$$(\boldsymbol{x}-\boldsymbol{\mu})(\boldsymbol{x}-\boldsymbol{\mu})^{\boldsymbol{T}} = P\boldsymbol{y}\boldsymbol{y}^{\boldsymbol{T}}P^{\boldsymbol{T}}.$$

$P = (\boldsymbol{p_1}, \ldots, \boldsymbol{p_n})$ とすると $(P\boldsymbol{y})_i = \sum_{j=1}^{n} p_{ij}y_j$ だから

$$P\boldsymbol{y} = \sum_{j=1}^{n} y_j\boldsymbol{p_j}.$$

よって

$$P\boldsymbol{y}\boldsymbol{y}^{\boldsymbol{T}}P^{\boldsymbol{T}} \times f(\boldsymbol{x}-\boldsymbol{\mu}) = \sum_{i,j}\boldsymbol{p_i}\boldsymbol{p_j^T}y_iy_j\prod_{k=1}^{n}\exp\left(-\frac{y_k^2}{2\lambda_k}\right).$$

積分すると $i \neq j$ のところでは $y_i\exp\left(-y_i^2/(2\lambda_i)\right)$ が奇関数になるので 0．$i = j$ のところでは, $k = i$ のときに $y_i^2\exp\left(-y_i^2/(2\lambda_i)\right)$ から $\lambda_i\sqrt{2\pi\lambda_i}$ がでて，それ以外の $k \neq i$ のときに $\sqrt{2\pi\lambda_k}$ がでる．つまり全体で $\lambda_i\prod_{k=1}^{n}(\sqrt{2\pi\lambda_k}) = \lambda_i \times$ 正規化項．よって

$$\mathrm{var}[\boldsymbol{x}] = \mathbb{E}[P\boldsymbol{y}\boldsymbol{y}^{\boldsymbol{T}}P^{\boldsymbol{T}}] = \int P\boldsymbol{y}\boldsymbol{y}^{\boldsymbol{T}}P^{\boldsymbol{T}}\mathcal{N}(\boldsymbol{x} \mid \boldsymbol{\mu}, A)\,d\boldsymbol{x} = \sum_i \boldsymbol{p_i}\boldsymbol{p_i^T}\lambda_i$$

$$= (\boldsymbol{p_1}, \ldots, \boldsymbol{p_n})\,\mathrm{diag}(\lambda_1, \ldots, \lambda_n)\begin{pmatrix}\boldsymbol{p_1^T}\\ \vdots \\ \boldsymbol{p_n^T}\end{pmatrix} = P\,\mathrm{diag}(\lambda_1, \ldots, \lambda_n)P^{\boldsymbol{T}} = A.$$

2.4 行列の微分 ここではガウス分布の最尤推定で使ういくつかの公式を列挙する．PRML の付録 C ではたとえば (C.22) を (C.33) や (C.47) を使って示せとあるが，それだと対称行列や対角化ができる行列に対してしか示せていない中途半端なものである．これらはもっと一般的な行列で成り立つ．

A を n 次正方行列とする．

2.4.1 2次形式の別の表現 $\boldsymbol{x}$ を n 次縦ベクトルとするとき,

$$\boldsymbol{x}^{\boldsymbol{T}}A\boldsymbol{x} = \sum_{i,j}a_{ij}x_ix_j = \sum_i\left(\sum_j a_{ij}(\boldsymbol{x}\boldsymbol{x}^{\boldsymbol{T}})_{ji}\right) = \sum_i(A\boldsymbol{x}\boldsymbol{x}^{\boldsymbol{T}})_{ii} = \mathrm{tr}(A\boldsymbol{x}\boldsymbol{x}^{\boldsymbol{T}}). \quad (2.4)$$

この式は A が対称行列でなくても成り立つことに注意する．

2.4.2 内積の微分 $\boldsymbol{x}$, $\boldsymbol{y}$ を縦ベクトルとして

$$\frac{\partial}{\partial\boldsymbol{x}}\left(\boldsymbol{x}^{\boldsymbol{T}}\boldsymbol{y}\right) = \boldsymbol{y}, \quad \frac{\partial}{\partial\boldsymbol{y}}\left(\boldsymbol{x}^{\boldsymbol{T}}\boldsymbol{y}\right) = \boldsymbol{x}.$$

ここで $\partial/\partial\boldsymbol{x}$ は $\partial/\partial x_i$ を縦に並べた縦ベクトルとする．$\partial/\partial\boldsymbol{x}$ を ∇ と書くこともあるが

PRML では場所によって縦ベクトル (2.228) だったり, 横ベクトル (3.13) だったりする. 常に縦ベクトルとしたほうが混乱は少ない.

証明は $\boldsymbol{x}^{\boldsymbol{T}}\boldsymbol{y} = \sum_j x_j y_j$ なので

$$\frac{\partial}{\partial x_i}\left(\boldsymbol{x}^{\boldsymbol{T}}\boldsymbol{y}\right) = \sum_j \delta_{ij} y_j = y_j, \quad \frac{\partial}{\partial y_i}\left(\boldsymbol{x}^{\boldsymbol{T}}\boldsymbol{y}\right) = \sum_j x_j \delta_{ij} = x_j.$$

2.4.3　2 次形式の微分

$$\frac{\partial}{\partial \boldsymbol{x}}\left(\boldsymbol{x}^{\boldsymbol{T}} A\boldsymbol{x}\right) = (A + A^{\boldsymbol{T}})\boldsymbol{x}. \tag{2.5}$$

証明は

$$\begin{aligned}\frac{\partial}{\partial x_i}\left(\boldsymbol{x}^{\boldsymbol{T}} A\boldsymbol{x}\right) &= \sum_{s,t} a_{st}\frac{\partial}{\partial x_i}(x_s x_t) = \sum_{s,t} a_{st}(\delta_{is}x_t + x_s\delta_{it}) \\ &= \left(\sum_t a_{it}x_t\right) + \left(\sum_s a_{si}x_s\right) = (A\boldsymbol{x})_i + (A^{\boldsymbol{T}}\boldsymbol{x})_i = \left(\left(A + A^{\boldsymbol{T}}\right)\boldsymbol{x}\right)_i.\end{aligned}$$

特に A が対称行列のときは

$$\frac{\partial}{\partial \boldsymbol{x}}\left(\boldsymbol{x}^{\boldsymbol{T}} A\boldsymbol{x}\right) = 2A\boldsymbol{x}.$$

2.4.4　逆行列の微分

$AA^{-1} = I$ の両辺を x で微分すると

$$\left(\frac{\partial}{\partial x}A\right)A^{-1} + A\frac{\partial}{\partial x}\left(A^{-1}\right) = 0.$$

左から A^{-1} をかけることによって

$$\frac{\partial}{\partial x}\left(A^{-1}\right) = -A^{-1}\left(\frac{\partial}{\partial x}A\right)A^{-1}. \tag{2.6}$$

2.4.5　行列式の対数の微分の公式 (1)

$|A| > 0$ となる行列に対して

$$\frac{\partial}{\partial x}\log|A| = \mathrm{tr}\left(A^{-1}\frac{\partial}{\partial x}A\right).$$

(証明) A を P で三角化する.

$$A = P^{-1}\begin{pmatrix}\lambda_1 & \dots & * \\ \vdots & \ddots & \vdots \\ 0 & \dots & \lambda_n\end{pmatrix}P.$$

ここで計算を見やすくするために

$$\begin{pmatrix}\lambda_1 & \dots & * \\ \vdots & \ddots & \vdots \\ 0 & \dots & \lambda_n\end{pmatrix} = \mathrm{tri}(\lambda_i)$$

と略記する. すると上の式は

$$A = P^{-1}\,\mathrm{tri}(\lambda_i)P$$

と表記できる. 逆行列は

$$A^{-1} = P^{-1}\,\mathrm{tri}(\lambda_i)^{-1}P$$

となる. さて $|A| = \prod \lambda_i$ なので証明すべき式の左辺は

$$\frac{\partial}{\partial x}\left(\sum \log(\lambda_i)\right) = \sum \frac{\lambda'_i}{\lambda_i}.$$

ここで $\frac{\partial \lambda_i}{\partial x} = \lambda'_i$ と略記した. 証明すべき右辺を考えよう.

$$\frac{\partial A}{\partial x} = A' = \left(P^{-1}\operatorname{tri}(\lambda_i)P\right)' = (P^{-1})'\operatorname{tri}(\lambda_i)P + P^{-1}\operatorname{tri}(\lambda_i')P + P^{-1}\operatorname{tri}(\lambda_i)P'.$$

第1項に式 (2.6) を使うと

$$(P^{-1})'\operatorname{tri}(\lambda_i)P = -P^{-1}P'P^{-1}\operatorname{tri}(\lambda_i)P$$

更に $\operatorname{tr}(A+B) = \operatorname{tr}(A) + \operatorname{tr}(B)$ を使うと

$$\begin{aligned}
\operatorname{tr}\left(A^{-1}A'\right) &= -\operatorname{tr}\left(\left(P^{-1}\operatorname{tri}(\lambda_i)^{-1}P\right)P^{-1}P'P^{-1}\operatorname{tri}(\lambda_i)P\right)\\
&\quad + \operatorname{tr}\left((P^{-1}\operatorname{tri}(\lambda_i)^{-1}P)P^{-1}\operatorname{tri}(\lambda_i')P\right)\\
&\quad + \operatorname{tr}\left((P^{-1}\operatorname{tri}(\lambda_i)^{-1}P)P^{-1}\operatorname{tri}(\lambda_i)P'\right)\\
&= -\operatorname{tr}\left(P^{-1}\operatorname{tri}(\lambda_i)^{-1}P'P^{-1}\operatorname{tri}(\lambda_i)P\right)\\
&\quad + \operatorname{tr}\left(P^{-1}\operatorname{tri}(\lambda_i)^{-1}\operatorname{tri}(\lambda_i')P\right)\\
&\quad + \operatorname{tr}(P^{-1}P').
\end{aligned}$$

次に $\operatorname{tr}(AB) = \operatorname{tr}(BA)$ を使ってトレースの中の積の順序を入れ換えて, 行列と逆行列の積を消していくと

$$\begin{aligned}
\operatorname{tr}(A^{-1}A') &= -\operatorname{tr}\left(P'P^{-1}\operatorname{tri}(\lambda_i)PP^{-1}\operatorname{tri}(\lambda_i^{-1})\right) + \operatorname{tr}\left(\operatorname{tri}(\lambda_i)^{-1}\operatorname{tri}(\lambda_i')PP^{-1}\right)\\
&\quad + \operatorname{tr}(P^{-1}P')\\
&= -\operatorname{tr}(P'P^{-1}) + \operatorname{tr}(\operatorname{tri}(\lambda_i)^{-1}\operatorname{tri}(\lambda_i')) + \operatorname{tr}(P^{-1}P')\\
&= \operatorname{tr}\left(\operatorname{tri}(\lambda_i)^{-1}\operatorname{tri}(\lambda_i')\right).
\end{aligned}$$

三角行列の逆行列はやはり三角行列であり, $*$ の部分はもとの行列の部分とは異なる何かわからない値になる. しかし対角成分はもとの対角成分の逆数が並ぶ. つまり

$$\operatorname{tri}(\lambda_i)^{-1} = \operatorname{tri}(\lambda_i^{-1}).$$

よって

$$\operatorname{tr}(A^{-1}A') = \operatorname{tr}\left(\operatorname{tri}(\lambda_i^{-1}\lambda_i')\right) = \sum \frac{\lambda_i'}{\lambda_i}.$$

これで左辺 = 右辺が示された.

2.4.6 行列式の対数の微分の公式 (2)

$|A| > 0$ となる行列に対して

$$\frac{\partial}{\partial A}\log|A| = (A^{-1})^{\boldsymbol{T}}. \tag{2.7}$$

ここで行列 A で微分するというのは各要素 a_{ij} で微分したものを, 行列に並べたものを意味する. 今示した対数の微分の公式 (1) より

$$\frac{\partial}{\partial a_{ij}}\log|A| = \operatorname{tr}\left(A^{-1}\frac{\partial}{\partial a_{ij}}A\right).$$

$\partial A/\partial a_{ij}$ は ij 成分のみが 1 でそれ以外は 0 の行列になる. その行列を I_{ij} と書くと,

$$\begin{aligned}
\operatorname{tr}(A^{-1}I_{ij}) &= \sum_s \left(A^{-1}I_{ij}\right)_{ss} = \sum_s\left(\sum_t (A^{-1})_{st}(I_{ij})_{ts}\right) = \sum_s\left(\sum_t (A^{-1})_{st}\delta_{it}\delta_{js}\right)\\
&= (A^{-1})_{ji}.
\end{aligned}$$

つまり $\log|A|$ を a_{ij} 成分で微分すると A^{-1} の ji 成分になることが分かったので証明完了.

実はこの式は三角化を使わなくても行列式の定義から直接示すことができる. 2次正方行列で示してみよう. $A = \begin{pmatrix} a & b \\ c & d \end{pmatrix}$ とすると $|A| = ad - bc$. よって左辺は $\log|A|$ を a, b, c, d でそれぞれ微分して

$$\text{左辺} = \frac{1}{|A|}\begin{pmatrix} d & -c \\ -b & a \end{pmatrix} = \text{右辺}.$$

一般のときは $|A| = \sum_{\sigma\in S_n} \mathrm{sgn}(\sigma)\, a_{1\sigma(1)} \cdots a_{n\sigma(n)}$ なので

$$|A|(\text{左辺})_{ij} = \sum_{\sigma\in S_n} \mathrm{sgn}(\sigma) \frac{\partial}{\partial a_{ij}} \left(a_{1\sigma(1)} \cdots a_{n\sigma(n)} \right).$$

a_{ij} による微分を考えると, 掛け算の中に a_{ij} があれば（微分が 1 なので）それを取り除き, なければ 0 になってしまう. a_{ij} が現れるのは $j = \sigma(i)$ を固定する σ についてのみである. つまり行列 A から i 行 j 列を取り除いたものになる.

実はこの式は A の余因子行列 $\tilde{A}$ の余因子 $\tilde{A}_{ji}$ と呼ばれるもので,

$$A\tilde{A} = |A|\, I$$

となることが示される（というか順序が逆で, 普通は逆行列をこれで構成する). つまり左辺 $= (A^{-1})^{\boldsymbol{T}}$.

2.5　ガウス分布の最尤推定　多変量ガウス分布から, N 個の観測値 $\boldsymbol{X} = \{\boldsymbol{x_i}\}$ が独立に得られたときに, 対数尤度関数

$$\log p(\boldsymbol{X} \mid \boldsymbol{\mu}, A) := -\frac{Nn}{2}\log(2\pi) - \frac{N}{2}\log|A| - \frac{1}{2}\sum_{i=1}^{N}(\boldsymbol{x_i} - \boldsymbol{\mu})^{\boldsymbol{T}} A^{-1}(\boldsymbol{x_i} - \boldsymbol{\mu})$$

を最大化する A を求めよう. PRML（演習 2.34）では「対称性を仮定せずに解いた結果が対称であった」という方針で解けと記されている. しかし, その導出過程で対称性を利用しているのはおかしい. ここでは A の対称性を仮定せずに話を進める.

その前にまず A を固定したときの $\boldsymbol{\mu}$ に関する最尤推定の解を求めておこう. 式 (2.5) より

$$\begin{aligned}\frac{\partial}{\partial \boldsymbol{\mu}} \log p(\boldsymbol{X} \mid \boldsymbol{\mu}, A) &= \frac{1}{2}\sum_{i=1}^{N}\left(A^{-1} + (A^{-1})^{\boldsymbol{T}}\right)(\boldsymbol{x_i} - \boldsymbol{\mu}) \\ &= \frac{1}{2}\left(A^{-1} + (A^{-1})^{\boldsymbol{T}}\right)\left(\left(\sum_{i=1}^{N}\boldsymbol{x_i}\right) - N\boldsymbol{\mu}\right).\end{aligned}$$

これが $\boldsymbol{0}$ なので

$$\boldsymbol{\mu}_{\mathrm{ML}} := \frac{1}{N}\sum_{i}\boldsymbol{x_i}.$$

さて, 本題に戻る. 再び A が対称行列でないという仮定に注意して式を変形する. $\boldsymbol{y_i} = \boldsymbol{x_i} - \boldsymbol{\mu}$ とおき

$$F(A) := -N\log|A| - \sum_{i}\boldsymbol{y_i^T} A^{-1}\boldsymbol{y_i} = -N\log|A| - \mathrm{tr}\left(A^{-1}\sum_{i}\boldsymbol{y_i}\boldsymbol{y_i^T}\right)$$

とおく. 第 2 項の式変形には式 (2.4) を用いた. $B = \sum_i \boldsymbol{y_i}\boldsymbol{y_i^T}$ と置いて A で微分しよう. 第 1 項は式 (2.7) を使って $-N(A^{-1})^{\boldsymbol{T}}$. 第 2 項を求めるには式 (2.6) を使って

$$\begin{aligned}\frac{\partial}{\partial a_{ij}}\mathrm{tr}\left(A^{-1}B\right) &= \mathrm{tr}\left(\left(\frac{\partial}{\partial a_{ij}}A^{-1}\right)B\right) = -\,\mathrm{tr}\left(A^{-1}\left(\frac{\partial}{\partial a_{ij}}A\right)A^{-1}B\right) \\ &= -\,\mathrm{tr}\left(\left(\frac{\partial}{\partial a_{ij}}A\right)A^{-1}BA^{-1}\right).\end{aligned}$$

最後の式変形では $\mathrm{tr}(XY) = \mathrm{tr}(YX)$ を使った. $C = A^{-1}BA^{-1}$ とおく.

$$\begin{aligned}\mathrm{tr}\left(\left(\frac{\partial}{\partial a_{ij}}A\right)C\right) &= \sum_{s}\left(\left(\frac{\partial}{\partial a_{ij}}A\right)C\right)_{ss} = \sum_{s}\left(\sum_{t}\left(\frac{\partial}{\partial a_{ij}}A\right)_{st}c_{ts}\right) \\ &= \sum_{s,t}\delta_{is}\delta_{jt}c_{ts} = c_{ji}.\end{aligned}$$

つまり

$$\frac{\partial}{\partial A}\operatorname{tr}(A^{-1}B) = -C^{\boldsymbol{T}} = -(A^{-1}BA^{-1})^{\boldsymbol{T}}. \tag{2.8}$$

よって

$$\frac{\partial}{\partial A}F(A) = -N(A^{-1})^{\boldsymbol{T}} + (A^{-1}BA^{-1})^{\boldsymbol{T}}.$$

これが 0 になるような A が $F(A)$ の最大値を与える．転置をとって

$$-NA^{-1} + A^{-1}BA^{-1} = 0.$$

$$A = \frac{1}{N}B = \frac{1}{N}\sum_i \boldsymbol{y_i}\boldsymbol{y_i}^{\boldsymbol{T}} = \frac{1}{N}\sum_i (\boldsymbol{x_i}-\boldsymbol{\mu})(\boldsymbol{x_i}-\boldsymbol{\mu})^{\boldsymbol{T}}.$$

この A は明らかに対称行列である．つまり A に関する対称性を仮定せずに最尤解を求めると A が対称行列となることが分かった．また，$\boldsymbol{\mu}$ について特に条件も無いので，先に $\boldsymbol{\mu}$ に関して最尤推定による解 $\boldsymbol{\mu}_{\mathrm{ML}}$ を代入すれば，この $\boldsymbol{\mu}$ と A の組が $p(\boldsymbol{x}\,|\,\boldsymbol{\mu}, A)$ を最大化することが分かる．

第 3 章 「線形回帰モデル」のための数学

3.1 微分の復習 $\boldsymbol{x}, \boldsymbol{y}$ を縦ベクトルとして

$$\frac{\partial}{\partial \boldsymbol{x}}\left(\boldsymbol{x}^{\boldsymbol{T}}\boldsymbol{y}\right) = \boldsymbol{y}, \quad \frac{\partial}{\partial \boldsymbol{y}}\left(\boldsymbol{x}^{\boldsymbol{T}}\boldsymbol{y}\right) = \boldsymbol{x}.$$

ここで $\partial/\partial\boldsymbol{x}$ は $\partial/\partial x_i$ を縦に並べた縦ベクトルとする．2 章でも述べたが $\partial/\partial\boldsymbol{x}$ を ∇ と書くこともあるが PRML では場所によって縦ベクトル (3.22) だったり，横ベクトル (3.13) だったりする．常に縦ベクトルとしたほうが混乱は少ない．

3.2 誤差関数の最小化

$$f(\boldsymbol{w}) := \sum_{n=1}^{N}\left(t_n - \boldsymbol{w}^{\boldsymbol{T}}\phi(\boldsymbol{x}_n)\right)^2 + \lambda\boldsymbol{w}^{\boldsymbol{T}}\boldsymbol{w}$$

とする．ここで $\boldsymbol{w}$ と $\phi(\boldsymbol{x}_n)$ は M 次元縦ベクトルである．

$$\Phi := (\phi(\boldsymbol{x}_1), \ldots, \phi(\boldsymbol{x}_N))^{\boldsymbol{T}}$$

とおく．Φ は N 行 M 列の行列である．$f(\boldsymbol{w})$ を w で微分しよう．

$$\frac{\partial}{\partial \boldsymbol{w}}f(\boldsymbol{w}) = 2\sum_{n=1}^{N}\left(t_n - \boldsymbol{w}^{\boldsymbol{T}}\phi(\boldsymbol{x}_n)\right)(-\phi(\boldsymbol{x}_n)) + 2\lambda\boldsymbol{w}.$$

一般に縦ベクトル $\boldsymbol{x}, \boldsymbol{y}$ に対して

$$(\boldsymbol{x}^{\boldsymbol{T}}\boldsymbol{y})\boldsymbol{y} = (\boldsymbol{y}^{\boldsymbol{T}}\boldsymbol{x})\boldsymbol{y} = \boldsymbol{y}(\boldsymbol{y}^{\boldsymbol{T}}\boldsymbol{x}) = (\boldsymbol{y}\boldsymbol{y}^{\boldsymbol{T}})\boldsymbol{x}$$

だから $\boldsymbol{t} := (t_1, \ldots, t_N)^{\boldsymbol{T}}$ とおくと

$$\begin{aligned}\frac{1}{2}\frac{\partial}{\partial \boldsymbol{w}}f(\boldsymbol{w}) &= -\sum_n t_n\phi(\boldsymbol{x}_n) + \sum_n\left(\phi(\boldsymbol{x}_n)\phi(\boldsymbol{x}_n)^{\boldsymbol{T}}\right)\boldsymbol{w} + \lambda\boldsymbol{w}\\ &= -\Phi^{\boldsymbol{T}}\boldsymbol{t} + \Phi^{\boldsymbol{T}}\Phi\boldsymbol{w} + \lambda\boldsymbol{w}\\ &= -\Phi^{\boldsymbol{T}}\boldsymbol{t} + (\Phi^{\boldsymbol{T}}\Phi + \lambda I)\boldsymbol{w} = 0.\end{aligned}$$

よって $\det(\lambda I + \Phi^{\boldsymbol{T}}\Phi) \neq 0$ のとき

$$\boldsymbol{w}_{\mathrm{ML}} := (\lambda I + \Phi^{\boldsymbol{T}}\Phi)^{-1}\Phi^{\boldsymbol{T}}\boldsymbol{t}$$

が最尤解．$\boldsymbol{y} := \Phi\boldsymbol{w}$ が予測値である．

3.3 正射影 前節で $\lambda=0$ のときを考える．

$$\boldsymbol{y}=\Phi(\Phi^{\boldsymbol{T}}\Phi)^{-1}\Phi^{\boldsymbol{T}}\boldsymbol{t}$$

となる．ここでこの式の幾何学的な解釈を考えてみよう．Φ を $\Phi:=(a_1,\ldots,a_M)$ と縦ベクトルの集まりで表す．$N-M$ 個のベクトル b_1, ... , b_{N-M} を追加して，$\{a_1,\ldots,a_N,b_1,\ldots,b_{N-M}\}$ 全体で N 次元ベクトル空間の基底であるようにとる．その際 b_i を a_j と直交するようにとれる．

$$a_i^{\boldsymbol{T}}b_j=0.$$

さて $X:=\Phi(\Phi^{\boldsymbol{T}}\Phi)^{-1}\Phi^{\boldsymbol{T}}$ とおくと，$X\Phi=\Phi$．これは $Xa_i=a_i$ を意味する．つまり X は $a_1,\ldots,a_M$ で生成される部分空間 $V{=}\langle a_1,\ldots,a_M\rangle$ の点を動かさない．また b_j のとりかたから $Xb_j=0$ も成り立つ．つまり X は部分空間 $\langle b_1,\ldots,b_{N-M}\rangle$ の点を 0 につぶす．

二つ合わせると，X は任意の点を部分空間 V 方向につぶす写像，つまり V への正射影写像と解釈できる．式で書くと任意の点 $\boldsymbol{t}$ を $\boldsymbol{t}:=\sum_i s_ia_i+\sum_i t_ib_j$ と表したとすると，

$$\boldsymbol{y}=X\boldsymbol{t}=\sum_i s_ia_i$$

となる．$\boldsymbol{t}$ から $\boldsymbol{y}$ への変換を係数だけを使って書いてみると

$$X\colon(s_1,\ldots,s_N,t_1,\ldots,t_{N-M})\mapsto(s_1,\ldots,s_N,0,\ldots,0).$$

これを見ると正射影のニュアンスがより明確になる．

3.4 行列での微分 x を n 次元ベクトル，A を m 行 n 列として $y=Ax$ とおく．

$$f(A):=\|y\|^2:=(Ax)^{\boldsymbol{T}}Ax$$

を A で微分してみよう．

$$(Ax)^{\boldsymbol{T}}Ax=\sum_s(Ax)_s(Ax)_s=\sum_s\left(\sum_t a_{st}x_t\right)\left(\sum_u a_{su}x_u\right)=\sum_{s,t,u}x_tx_ua_{st}a_{su}.$$

よって

$$\begin{aligned}\frac{\partial}{\partial a_{ij}}f(A)&=\sum_{s,t,u}x_tx_u\left(\left(\frac{\partial}{\partial a_{ij}}a_{st}\right)a_{su}+a_{st}\frac{\partial}{\partial a_{ij}}a_{su}\right)\\&=\sum_{s,t,u}x_tx_u\left(\delta_{is}\delta_{jt}a_{su}+a_{st}\delta_{is}\delta_{ju}\right)=\left(\sum_u x_jx_ua_{iu}\right)+\left(\sum_t x_tx_ja_{it}\right)\\&=2\sum_u x_jx_ua_{iu}=2x_j(Ax)_i=2\left(Axx^{\boldsymbol{T}}\right)_{ij}.\end{aligned}$$

よって

$$\frac{\partial}{\partial A}\|Ax\|^2=2Axx^{\boldsymbol{T}}.$$

3.5 Woodbury の逆行列の公式 n 次正則行列 A, n 行 m 列の行列 B, m 行 n 列の行列 C, m 次正則行列 D について

$$\left(A+BD^{-1}C\right)^{-1}=A^{-1}-A^{-1}B\left(D+CA^{-1}B\right)^{-1}CA^{-1}$$

が成り立つ．

（証明）I を n 次単位行列として

$$(I+BD^{-1}CA^{-1})B=B+BD^{-1}CA^{-1}B=BD^{-1}(D+CA^{-1}B).$$

両辺に右から $(D+CA^{-1}B)^{-1}$, 左から $(I+BD^{-1}CA^{-1})^{-1}$ を掛けて

$$B(D+CA^{-1}B)^{-1} = (I+BD^{-1}CA^{-1})^{-1}BD^{-1} = ((A+BD^{-1}C)A^{-1})^{-1}BD^{-1}$$
$$= A(A+BD^{-1}C)^{-1}BD^{-1}.$$

よって

$$\begin{aligned}\text{右辺} &= \left(I - A^{-1}B(D+CA^{-1}B)^{-1}C\right)A^{-1}\\ &= \left(I - \left(A+BD^{-1}C\right)^{-1}BD^{-1}C\right)A^{-1}\\ &= \left(A+BD^{-1}C\right)^{-1}\left(\left(A+BD^{-1}C\right) - BD^{-1}C\right)A^{-1} = \text{左辺}.\end{aligned}$$

特に, A が n 次正則行列で B を n 次縦ベクトル $\boldsymbol{x}$, $C=\boldsymbol{x}^{\boldsymbol{T}}$, D を 1 次単位行列 ($=1$) とすると

$$\left(A+\boldsymbol{x}\boldsymbol{x}^{\boldsymbol{T}}\right)^{-1} = A^{-1} - \frac{\left(A^{-1}\boldsymbol{x}\right)\left(\boldsymbol{x}^{\boldsymbol{T}}A^{-1}\right)}{1+\boldsymbol{x}^{\boldsymbol{T}}A^{-1}\boldsymbol{x}} \tag{3.1}$$

が成り立つ.

3.6 正定値対称行列 n 次元実対称行列 A はある直行行列 P を用いて常に対角化可能であった.

$$P^{-1}AP = \mathrm{diag}(\lambda_1, \cdots, \lambda_n).$$

全ての固有値が正であるとき A を正定値といい, $A>0$ と書く. 全ての固有値が正または 0 であるとき, 半正定値といい, $A \geq 0$ と書く.

任意の実ベクトル $\boldsymbol{x}$ について $\boldsymbol{y}=P\boldsymbol{x}$ とおくと $\boldsymbol{x}$ が $\mathbb{R}^n$ の全ての点をとるとき $\boldsymbol{y}$ も全ての点を渡る.

$$\boldsymbol{x}^{\boldsymbol{T}}A\boldsymbol{x} = \sum_i \lambda_i y_i^2$$

なので $A \geq 0$ ならば $\boldsymbol{x}^{\boldsymbol{T}}A\boldsymbol{x} \geq 0$. $A>0$ のときは等号が成り立つのは $\boldsymbol{x}=0$ のときのみである.

逆に任意の $\boldsymbol{x}$ について $\boldsymbol{x}^{\boldsymbol{T}}A\boldsymbol{x} \geq 0$ とすると, $\boldsymbol{y}$ として単位ベクトル $\boldsymbol{e_i}$ を考えれば $\lambda_i \geq 0$. つまり $A \geq 0$. 更に等号は $\boldsymbol{x}=0$ のときに限るためには $\lambda_i > 0$. つまり $A>0$ であることが分かる. まとめると

$$A \geq 0 \iff \lambda_i \geq 0 \text{ for } \forall i,$$
$$A > 0 \iff \lambda_i > 0 \text{ for } \forall i.$$

この同値性から $A>0$ のとき $A^{-1}>0$ も分かる. 定義から $A>0$, $B>0$ なら $A+B>0$ も成り立つ.

また実ベクトル $\boldsymbol{v}$ に対して $A=\boldsymbol{v}\boldsymbol{v}^{\boldsymbol{T}}$ とおくと, A は実対称であり, 任意の $\boldsymbol{x}$ に対して

$$\boldsymbol{x}^{\boldsymbol{T}}A\boldsymbol{x} = \left(\boldsymbol{v}^{\boldsymbol{T}}\boldsymbol{x}\right)^2 \geq 0$$

なので $A \geq 0$.

3.7 予測分布の分散 $S_N := \left(S_0^{-1} + \beta\Phi_N^{\boldsymbol{T}}\Phi_N\right)^{-1}$ としたときの予測分布の分散

$$\sigma_N^2 := \frac{1}{\beta} + \phi^{\boldsymbol{T}}S_N\phi$$

を考える. $\beta>0$ であり, S_0 は共分散行列なので実正定値であることに注意する. まず計画行列 Φ_N は N が一つ増える毎に 1 行増える. $\boldsymbol{v}_{N+1}$（煩雑なので v と略記する）を M 次元縦ベクトルとして

$$\Phi_{N+1} := \left(\Phi_N^{\boldsymbol{T}}, v\right)^{\boldsymbol{T}}$$

としよう. すると

$$S_{N+1}^{-1} = S_0^{-1} + \beta\left(\Phi_N^{\boldsymbol{T}}\Phi_N + vv^{\boldsymbol{T}}\right) = S_N^{-1} + \beta vv^{\boldsymbol{T}}.$$

行列 $\beta vv^{\boldsymbol{T}}$ は正定値であり, S_N に関して帰納法を使うと全ての S_N は正定値であることが分かる.

式 (3.1) を使って

$$\begin{aligned}\sigma_{N+1}^2 &= \frac{1}{\beta} + \phi^{\boldsymbol{T}}\left(S_N^{-1} + \beta vv^{\boldsymbol{T}}\right)^{-1}\phi \\ &= \frac{1}{\beta} + \phi^{\boldsymbol{T}}\left(S_N - \frac{(S_N v)\left(v^{\boldsymbol{T}} S_N\right)}{1 + v^{\boldsymbol{T}} S_N v}\right)\phi \\ &= \sigma_N^2 - z\end{aligned}$$

ここで $z := \phi^{\boldsymbol{T}}\frac{(S_N v)(v^{\boldsymbol{T}} S_N)}{1+v^{\boldsymbol{T}} S_N v}\phi$ とおいた. S_N の対称性から

$$z = \frac{1}{1 + v^{\boldsymbol{T}} S_N v}\left(v^{\boldsymbol{T}} S_N \phi\right)^2.$$

S_N は正定値なので任意の v に対して $v^{\boldsymbol{T}} S_N v \geq 0$. よって $z \geq 0$ となり

$$\sigma_{N+1}^2 \leq \sigma_N^2.$$

$\Phi_N^{\boldsymbol{T}}$ を $(\boldsymbol{v}_1 \cdots \boldsymbol{v}_N)$ と表せば帰納法の流れから

$$S_N^{-1} = S_0^{-1} + \beta\sum_{i=1}^{N} \boldsymbol{v}_i \boldsymbol{v}_i^{\boldsymbol{T}}$$

となることがわかる. $\boldsymbol{v}_i$ が基底関数のベクトルに訓練データの値を代入したものであることを考えると, 0 ベクトルになることは殆ど無い. また $N \to \infty$ で 0 になるわけでもない. つまりそれらの和はどんどん大きくなる. そういう状況の下では $\phi^{\boldsymbol{T}} S_N \phi$ は 0 に近づき,

$$\sigma_N^2 \to \frac{1}{\beta}$$

となる.

3.8 カルバック距離 $p(x)$, $q(x)$ を恒等的に 0 ではない確率密度関数とする. つまり $p(x)$, $q(x) \geq 0$.

$$\mathrm{KL}(p \,\|\, q) := \int p(x) \log\frac{p(x)}{q(x)}\,dx$$

をカルバック距離 (Kullback–Leibler 距離, 相対エントロピー) という.

距離といいつつ, $\mathrm{KL}(p \,\|\, q) = \mathrm{KL}(q \,\|\, p)$ とは限らないので距離の公理は満たさない. しかし, $\mathrm{KL}(p \,\|\, q) \geq 0$ であり, $\mathrm{KL}(p \,\|\, q) = 0 \iff p = q$ はいえる. これを示そう.

まず $S(x) = e^{-x} + x - 1$ について $S(x) \geq 0$ であり, $S(x) = 0 \iff x = 0$ である.

なぜなら $S'(x) = -e^{-x} + 1$. $S''(x) = e^{-x} \geq 0$ なので $S'(x)$ は単調増加. $S'(0) = 0$ より $x > 0$ なら $S'(x) > 0$, $x < 0$ なら $S'(x) < 0$. つまり $S(x)$ は 0 で最小値 0 をとる.

$$\begin{aligned}\int p(x)\, S\left(\log\frac{p(x)}{q(x)}\right)dx &= \int p(x)\left(\frac{q(x)}{p(x)} + \log\frac{p(x)}{q(x)} - 1\right)dx \\ &= \mathrm{KL}(p \,\|\, q) + \int (q(x) - p(x))\,dx \\ &= \mathrm{KL}(p \,\|\, q).\end{aligned}$$

ここで p, q が確率密度関数なので $\int p(x)\,dx = 1$, $\int q(x)\,dx = 1$ であることを使った.

この式の左辺の被積分関数は常に 0 以上. よって $\mathrm{KL}(p \,\|\, q) \geq 0$.

$\mathrm{KL}(p \,\|\, q) = 0$ ならば殆ど全ての x について

$$p(x)\,S\left(\log\frac{p(x)}{q(x)}\right) = 0.$$

$p = 0$ ではないので殆ど全ての x について

$$S\left(\log\frac{p(x)}{q(x)}\right) = 0.$$

$S(x) = 0$ となる x は 0 のときだけだから, 殆ど全ての x について $p(x) = q(x)$.

真のモデル $p(D \mid M)$ があったときに, モデルエビデンス $p(D \mid M')$ とのカルバック距離 $\mathrm{KL}(p(D \mid M) \,\|\, p(D \mid M'))$ は, 0 に近いほど真のモデルに近そうだということにする.

3.9 エビデンス関数の評価の式変形 $A := \alpha I + \beta \Phi^{\boldsymbol{T}} \Phi$ とおくと

$$\begin{aligned}E(w) &:= \frac{\beta}{2}\|t - \Phi w\|^2 + \frac{\alpha}{2}w^{\boldsymbol{T}}w\\ &= \frac{1}{2}w^{\boldsymbol{T}}\left(\alpha I + \beta\Phi^{\boldsymbol{T}}\Phi\right)w - \beta t^{\boldsymbol{T}}\Phi w + \frac{\beta}{2}\|t\|^2\\ &= \frac{1}{2}w^{\boldsymbol{T}}Aw - \beta w^{\boldsymbol{T}}\Phi^{\boldsymbol{T}}t + \frac{\beta}{2}\|t\|^2.\end{aligned}$$

ここで一般に対称行列 A とベクトル w, m について

$$\frac{1}{2}(w-m)^{\boldsymbol{T}}A(w-m) = \frac{1}{2}w^{\boldsymbol{T}}Aw - w^{\boldsymbol{T}}Am + \frac{1}{2}m^{\boldsymbol{T}}Am.$$

この関数は $w = m$ のとき最小値 0 をとる. 二つを比較することで $E(w)$ は $\beta\Phi^{\boldsymbol{T}}t = Am$, つまり

$$w = m_N := \beta A^{-1}\Phi^{\boldsymbol{T}}t$$

のとき最小となる. 最小値は元の $E(w)$ の式に $w = m_N$ を代入すれば得られ,

$$E(m_N) = \frac{\beta}{2}\|t - \Phi m_N\|^2 + \frac{\alpha}{2}m_N^{\boldsymbol{T}}m_N.$$

つまり

$$E(w) = \frac{1}{2}(w - m_N)^{\boldsymbol{T}}A(w - m_N) + E(m_N)$$

と平方完成できる.

よって

$$\begin{aligned}E(w) &= \int \exp\left(-E(w)\right)\,dw\\ &= \exp\left(-E(m_N)\right)\int \exp\left(-\frac{1}{2}(w-m_N)^{\boldsymbol{T}}A(w-m_N)\right)dw\\ &= \exp\left(-E(m_N)\right)(2\pi)^{M/2}|A|^{-1/2}.\end{aligned}$$

従って

$$\begin{aligned}\log p(\boldsymbol{t} \mid \alpha, \beta) &= \frac{N}{2}\log\left(\frac{\beta}{2\pi}\right) + \frac{M}{2}\log\left(\frac{\alpha}{2\pi}\right)\log\left(\int \exp\left(-E(w)\right)\,dw\right)\\ &= \frac{M}{2}\log\alpha + \frac{N}{2}\log\beta - E(m_N) - \frac{1}{2}\log|A| - \frac{N}{2}\log(2\pi). \qquad (3.2)\end{aligned}$$

3.10 ヘッセ行列 x が n 次縦ベクトルのとき, $y = f(x)$ における 2 階微分の n 次正方行列

$$H(f) := \left(\frac{\partial^2}{\partial x_i \partial x_j}f(x)\right)$$

をヘッセ行列という. 通常偏微分は可換なので, これは対称行列である.

1 階微分の行列（ヤコビ行列）の行列式はその点の付近の拡大率を表していた．ヘッセ行列はその点の付近の関数の形を表す．たとえば正定値な場合は極小, 固有値が全て負の場合は極大, 固有値が正と負の両方の場合は鞍点となる．

$f(x,y) := x^2 - y^2$, $g(x,y) := x^2 + y^2$ というグラフを見てみよう．図 3.1 は原点で鞍点, 図 3.2 は原点で極小である．それぞれヘッセ行列は

$$H(f) = \begin{pmatrix} 2 & 0 \\ 0 & -2 \end{pmatrix}, \quad H(g) = \begin{pmatrix} 2 & 0 \\ 0 & 2 \end{pmatrix}$$

となり, ヘッセ行列が原点での形に対応していることが分かる．

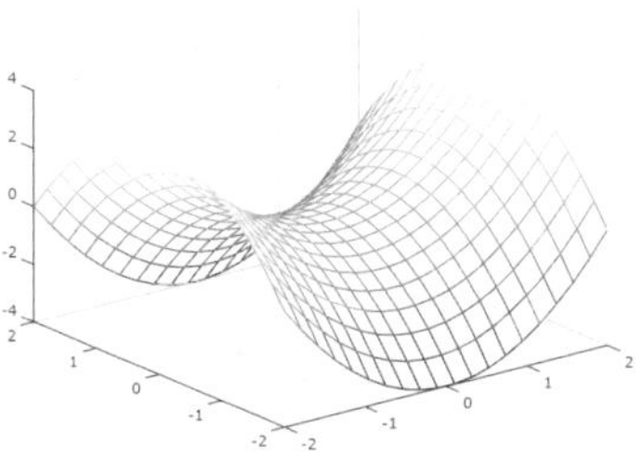

図 3.1　$f = x^2 - y^2$

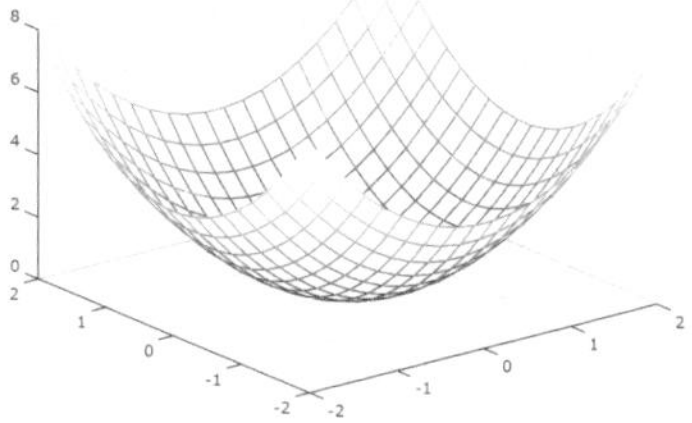

図 3.2　$g = x^2 + y^2$

3.11　エビデンス関数の最大化の式変形　行列 $\beta\Phi^{\boldsymbol{T}}\Phi$ をある行列 P で対角化する．

$$P^{-1}\left(\beta\Phi^{\boldsymbol{T}}\Phi\right)P = \mathrm{diag}(\lambda_1, \ldots, \lambda_M).$$

すると行列 $A := \alpha I + \beta\Phi^{\boldsymbol{T}}\Phi$ も同じ P で対角化できて

$$P^{-1}AP = \mathrm{diag}(\alpha + \lambda_1, \ldots, \alpha + \lambda_M).$$

よって

$$|A| = \prod_{i=1}^{M} (\lambda_i + \alpha)$$

となる．α で微分すると

$$\frac{\partial}{\partial\alpha}\log|A| = \sum_{i=1}^{M} \frac{1}{\lambda_i + \alpha}.$$

式 (3.2) を α で微分すると

$$\frac{\partial}{\partial\alpha}\log p\,(\boldsymbol{t}\,|\,\alpha, \beta) = \frac{M}{2\alpha} - \frac{1}{2}m_N^{\boldsymbol{T}}m_N - \frac{1}{2}\sum \frac{1}{\lambda_i + \alpha} = 0.$$

よって

$$\alpha m_N^{\boldsymbol{T}}m_N = M - \sum_{i=1}^{M} \frac{\alpha}{\lambda_i + \alpha} = \sum_{i=1}^{M} \frac{\lambda_i}{\lambda_i + \alpha}.$$

これを γ とおくと

$$\alpha = \frac{\gamma}{m_N^{\boldsymbol{T}}m_N}.$$

ただし, m_N は陰に α に依存しているのでこれは実は α を含む方程式である．

β についても同様にしてみる．$\beta\Phi^{\boldsymbol{T}}\Phi$ の固有値が λ_i だから λ_i は β に比例する．つまり微分が比例係数に等しい．

$$\frac{\partial}{\partial\beta}\lambda_i = \frac{\lambda_i}{\beta}.$$

よって

$$\frac{\partial}{\partial\beta}\log|A| = \sum \frac{\lambda_i/\beta}{\lambda_i+\alpha} = \frac{\gamma}{\beta}.$$

式 (3.2) を β で微分すると

$$\frac{N}{2\beta} - \frac{1}{2}\|\boldsymbol{t} - \Phi m_N\|^2 - \frac{\gamma}{2\beta} = 0.$$

よって

$$\frac{1}{\beta} = \frac{1}{N-\gamma}\|\boldsymbol{t} - \Phi m_N\|^2.$$

3.12 **パラメータの関係** パラメータがたくさんでてきたのでそれらの関係を見直してみよう．まず線形基底モデルを考えた．$\phi(x)$ を M 個の基底関数からなるベクトルとする．x は観測値であり，

$$y(x,w) = w^{\boldsymbol{T}}\phi(x)$$

とした．$\boldsymbol{t}$ を観測値に対する目標値で，それは x によらずに精度パラメータ β に従うガウス分布とした．

$$p(\boldsymbol{t}\,|\,w,\beta) = \mathcal{N}(t\,|\,y(x,w)\,,\beta^{-1}).$$

ベイズ的に扱うために w に関して事前確率分布を与えたい．上式が w に関する2次関数なので，共役事前分布としてハイパーパラメータ α を導入し，

$$p(w\,|\,\alpha) = \mathcal{N}\big(w\,\big|\,0,\alpha^{-1}I\big)$$

を仮定した．そうすることで事後分布は

$$p(w\,|\,t) = \mathcal{N}(w\,|\,m_N, S_N)$$

の形（ただし，$m_N = \beta S_N \Phi^{\boldsymbol{T}} t$, $S_N^{-1} = \alpha I + \beta\Phi^{\boldsymbol{T}}\Phi$）になった．

さて，ここで α, β はハイパーパラメータではあるが，事前分布を入れて確率変数的に扱いたい．その上で最尤推定の手法を用いて実際のデータから値を決めるという枠組みを経験ベイズという．そのとき t の予測分布は

$$p(t\,|\,\boldsymbol{t}) = \int p(t\,|\,w,\beta)\;p(w\,|\,\boldsymbol{t},\alpha,\beta)\;p(\alpha,\beta\,|\,\boldsymbol{t})\;dw d\alpha d\beta$$

となる．とはいえ，そのまま扱うのは難しいのでまずデータが十分たくさんあるとき，α, β は殆ど固定値，つまり α, β の分布はある特定の値 $\hat{\alpha}$, $\hat{\beta}$ にデルタ関数的に近づくと仮定しよう．

$$p(\alpha,\beta\,|\,\boldsymbol{t}) \approx \delta_{\alpha,\hat{\alpha}}\delta_{\beta,\hat{\beta}}.$$

そうすると

$$p(t\,|\,\boldsymbol{t}) \approx \int p(t\,|\,w,\hat{\beta})\,p(w\,|\,\boldsymbol{t},\hat{\alpha},\hat{\beta})\,dw$$

となり予測分布は $\hat{\alpha}$, $\hat{\beta}$ を求めればよいということになる．

次に α, β を求める方法を考える．ベイズの定理から

$$p(\alpha,\beta\,|\,\boldsymbol{t}) \propto p(\boldsymbol{t}\,|\,\alpha,\beta)\;p(\alpha,\beta)$$

となる．ここで $p(\alpha,\beta)$ はほぼ平坦，つまり α, β の値はどれも同じぐらいの可能性があるという仮定を置く．そうすると事後分布を最大化する α, β を求める最尤推定の問題は，尤度関数を最大化する問題に近似できる．この尤度関数をエビデンスといい，この手法をエビデンス近似という．そして，$p(\boldsymbol{t}\,|\,\alpha,\beta)$ を最大化するための α, β の関係式を求めたのが前節であった．

以上のパラメータの関係を図 3.3 に示した．実際には，初期値 α, β を適当に決め，この図に従って計算して新しい α, β を求めたあと再度繰り返す．それが収束すればその値を採用する．ここではその収束性については議論しない．

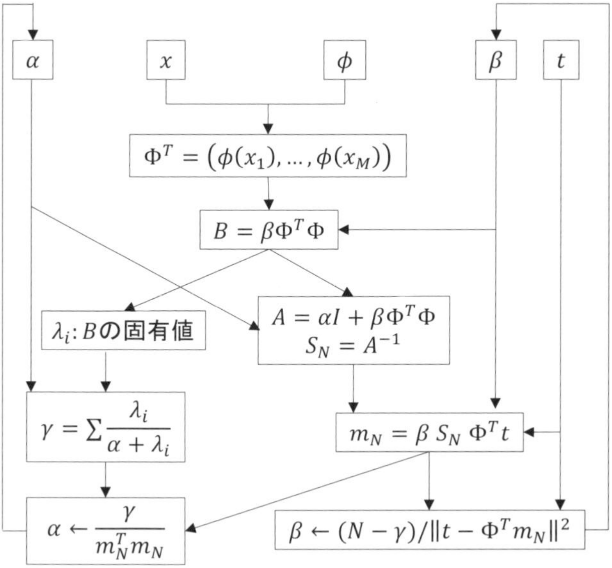

図 3.3　α, x, ϕ, t, β の関係図

第 4 章 「線形識別モデル」のための数学

4.1　**クラス分類問題**　クラス分類とは，与えられた入力空間を相異なる K 個の空間に分割し，それぞれの空間をクラス C_k とラベルをつけることである．訓練データ x が与えられたときに，推論段階と決定段階を経て各クラスに割り当てる．

訓練データ $x \to$ モデル $p(C_k \mid x)$ を作る $\to$ 事後確率を使ってクラスに割り当てる

訓練データからどの情報を使って分類するかによって三つの方法がある：

- 生成モデル（generative model）：$p(x \mid C_k)$ を C_k ごとに決め，$p(C_k)$ も決める．そうすると同時分布 $p(x, C_k)$ が分かり，
$$p(C_k \mid x) = \frac{p(x \mid C_k)\, p(C_k)}{p(x)}$$
で事後確率を求める．
$p(x)$ は $p(x) = \sum p(x \mid C_k)\, p(C_k)$ で求められる．$p(x \mid C_k)$ があると自分でさいころを振って各 C_k に対して x を作ることができるという点で，生成モデルという．
- 識別モデル（discriminative model）：$p(x \mid C_k)$ を求めずにいきなり事後確率 $p(C_k \mid x)$ を決める推論問題を解く．決定理論を使って x をあるクラスに割り当てる．
- 識別関数（discriminant function）：確率モデルを考えずに入力関数によって定まる識別関数 $f\colon x \mapsto k$ を作る．

4.2 行列の微分の復習 $A = (a_{ij})$ と書いた．

$$(AB)_{ij} = \sum_k a_{ik}b_{kj}, \quad \mathrm{tr}(A) = \sum_i a_{ii}, \quad A^{\boldsymbol{T}} = (a_{ji})$$

などを思い出しておく．さて A, B を適当な行列として

$$\frac{\partial}{\partial A}\mathrm{tr}(AB) = B^{\boldsymbol{T}}$$

なぜなら，

$$\left(\frac{\partial}{\partial A}\mathrm{tr}(AB)\right)_{ij} = \frac{\partial}{\partial a_{ij}}\sum_{s,t} a_{st}b_{ts} = b_{ji}.$$

ここで $\partial a_{st}/\partial a_{ij} = \delta_{is}\delta_{jt}$ を使った．つまり添え字 s, t が走るときに，$s = i$, $t = j$ のときのみが生き残るというわけである．慣れるためにもう一つやっておこう．

$$\frac{\partial}{\partial A}\mathrm{tr}(ABA^{\boldsymbol{T}}) = A(B + B^{\boldsymbol{T}}).$$

なぜなら，

$$\begin{aligned}
\frac{\partial}{\partial a_{ij}}\mathrm{tr}(ABA^{\boldsymbol{T}}) &= \frac{\partial}{\partial a_{ij}}\sum_{s,t,u} a_{st}b_{tu}a_{su} = \sum_{s,t,u} b_{tu}\frac{\partial}{\partial a_{ij}}(a_{st}a_{su}) \\
&= \sum_{s,t,u} b_{tu}\left(\delta_{is}\delta_{jt}a_{su} + a_{st}\delta_{is}\delta_{ju}\right) = \sum_u b_{ju}a_{iu} + \sum_t b_{tj}a_{it} \\
&= \sum_u a_{iu}b_{ju} + \sum_t a_{it}b_{tj} = (AB^{\boldsymbol{T}})_{ij} + (AB)_{ij} = \Big(A(B + B^{\boldsymbol{T}})\Big)_{ij}.
\end{aligned}$$

4.3 多クラス K 個の線形関数を使った K クラス識別を考える．

$$y_k(x) = w_k^{\boldsymbol{T}}x + w_{k0}.$$

ここで w_k は重みベクトル，w_{k0} はバイアスパラメータでスカラー，x が分類したい入力パラメータでベクトルである．クラス分類を次の方法で定義する: x に対して，ある k が存在し，全ての $j \neq k$ に対して $y_k(x) > y_j(x)$ であるとき x はクラス C_k に割り当てるとする．これは well-defined である．つまり

- （一意性）x が二つの異なるクラス C_k に C'_k に属することはない．なぜならそういう k, k' があったとすると $y_k(x) > y'_k(x) > y_k(x)$ となり矛盾するから．
- （存在性）x が与えられたとき $\{y_k(x)\}$ の最大値 m を与える k_0 がその候補である．もしも $m = y_k(x)$ となる k が複数個存在（k_1, k_2）したとすると，クラス分類はできないが，そういう x の集合は $\{x \mid y_{k_1}(x) = y_{k_2}(x)\}$ の部分集合となり，通常次元が落ちる．つまり無視できるぐらいしかない．

上記で分類されたクラス C_k に属する空間は凸領域となる．すなわち x, x' を C_K の点とすると，任意の $\lambda \in [0, 1]$ に対して $x'' = \lambda x + (1 - \lambda)x'$ も C_k に属する．

なぜなら x, $x' \in C_k$ より任意の $j \neq k$ に対して $y_k(x) > y_j(x)$, $y_k(x') > y_j(x')$. $y_k(x)$ は x について線形なので $\lambda \geq 0$, $1 - \lambda \geq 0$ より

$$y_k(x'') = \lambda y_k(x) + (1 - \lambda)y_k(x') > \lambda y_j(x) + (1 - \lambda)y_j(x') = y_j(x'')$$

が成り立つからである．

領域内の任意のループを連続的に 1 点につぶすことが出来る様な領域を単連結（simply connected）という．凸領域は単連結である．つまりその領域の中に空洞は無い．任意の凸領域の 2 点を結ぶ線分が凸領域に入ることから直感的には明らかであろう．

単連結であることを簡単に示しておこう：X を凸領域, $S^1 = \{(x,y)\,|\,x^2+y^2=1\}$ を単位円とする.

$$f : S^1 \to X$$

を S^1 から X への連続関数とする. 任意のループは $f(S^1)$ で表される. $t \in [0,1]$, $\lambda \in [0,1]$ に対して

$$f_\lambda(t) := \lambda f(t) + (1-\lambda) f(0)$$

とすると X の凸性から $f_\lambda(t) \in X$. つまり $f_\lambda(S^1)$ は X 内のループ. $f_0(t) = f(0)$ は X のある 1 点. $f_1(t) = f(t)$ は元のループだから, これはループ $f(S^1)$ を X の中で連続的に一点 $f(0)$ につぶすことが出来ることを示している. つまり X は単連結.

4.4　分類における最小二乗　前節では重みベクトル w_{k0} を別扱いしたが, $\tilde{w}_k := (w_{k0}, w_k^{\boldsymbol{T}})^{\boldsymbol{T}}$, $\tilde{x} := (1, x^{\boldsymbol{T}})^{\boldsymbol{T}}$ と 1 次元増やすと $y_k(x) = \tilde{w}^{\boldsymbol{T}} \tilde{x}$ と書ける. 面倒なので $\tilde{x}$ を x と置き換えてしまおう.

さらにまとめて $y(x) = W^{\boldsymbol{T}} x$ としよう. x, y はベクトル, W は行列である.

二乗誤差関数

$$E_D(W) := \frac{1}{2} \operatorname{tr} \Big((XW-T)^{\boldsymbol{T}} (XW-T) \Big)$$

を最小化する W を求めよう.

$$\begin{aligned}
\frac{\partial}{\partial w_{ij}} E_D(W) &= \frac{1}{2} \frac{\partial}{\partial w_{ij}} \sum_{s,t} ((XW-T)_{st})^2 = \sum_{s,t} (XW-T)_{st} \frac{\partial}{\partial w_{ij}} (XW-T)_{st} \\
&= \sum_{s,t} (XW-T)_{st} \frac{\partial}{\partial w_{ij}} \left(\sum_u x_{su} w_{ut} \right) = \sum_{s,t,u} (XW-T)_{st} x_{su} \delta_{iu} \delta_{jt} \\
&= \sum_s (XW-T)_{sj} x_{si} = \sum_s (X^{\boldsymbol{T}})_{is} (XW-T)_{sj} = \Big(X^{\boldsymbol{T}} (XW-T) \Big)_{ij}.
\end{aligned}$$

よって

$$\frac{\partial}{\partial W} E_D(W) = X^{\boldsymbol{T}} (XW-T).$$

$=0$ とおいて $X^{\boldsymbol{T}} XW = X^{\boldsymbol{T}} T$ より

$$W = (X^{\boldsymbol{T}} X)^{-1} X^{\boldsymbol{T}} T.$$

4.5　フィッシャーの線形判別　まず D 次元のベクトル x の入力に対して $y = w^{\boldsymbol{T}} x$ で 1 次元に射影する. $y \geq w_0$ なら C_1, そうでないなら C_2 に分類する. C_1 の点が N_1 個, C_2 の点が N_2 個とする. C_i の点の平均は

$$\boldsymbol{m}_i := \frac{1}{N_i} \sum_{n \in C_i} x_n.$$

$m_i = w^{\boldsymbol{T}} \boldsymbol{m_i}$ として, $|w|^2 = \sum_i w_i^2 = 1$ の制約下で

$$m_2 - m_1 = w^{\boldsymbol{T}} (\boldsymbol{m}_2 - \boldsymbol{m}_1)$$

を最大化してみよう. ラグランジュの未定乗数法を用いて

$$f(w) := w^{\boldsymbol{T}} (\boldsymbol{m}_2 - \boldsymbol{m}_1) + \lambda (1 - |w|^2)$$

とおくと

$$\frac{\partial f}{\partial w} = \boldsymbol{m}_2 - \boldsymbol{m}_1 - 2\lambda w = 0.$$

よって

$$w = \frac{1}{2\lambda} (\boldsymbol{m}_2 - \boldsymbol{m}_1) \propto (\boldsymbol{m}_2 - \boldsymbol{m}_1).$$

$$\frac{\partial f}{\partial \lambda} = 1 - |w|^2 = 0$$

より $|w| = 1$. ただしこの手法ではそれぞれのクラスの重心 $\boldsymbol{m}_1$ と $\boldsymbol{m}_2$ とだけで w の向きが決まってしまい, 場合によっては二つのクラスの射影が大きく重なってうまく分離できないことがある. そこでクラス間の重なりを最小にするように分散も加味してみる.

クラス C_k から射影されたデータのクラス内の分散を

$$y_n := w^{\boldsymbol{T}} x_n, \quad s_k^2 := \sum_{n \in C_k} (y_n - m_k)^2$$

で定義し, 全データに対する分散を $s_1^2 + s_2^2$ とする. フィッシャーの判別基準は

$$J(w) := \frac{(m_2 - m_1)^2}{s_1^2 + s_2^2}$$

で定義される. この定義を書き直してみよう.

$$S_B := (\boldsymbol{m}_2 - \boldsymbol{m}_1)(\boldsymbol{m}_2 - \boldsymbol{m}_1)^{\boldsymbol{T}},$$
$$S_W := \sum_{n \in C_1} (x_n - \boldsymbol{m}_1)(x_n - \boldsymbol{m}_1)^{\boldsymbol{T}} + \sum_{n \in C_2} (x_n - \boldsymbol{m}_2)(x_n - \boldsymbol{m}_2)^{\boldsymbol{T}}$$

とする. S_B をクラス間共分散行列, S_W を総クラス内共分散行列という.

$$w^{\boldsymbol{T}} S_B w = w^{\boldsymbol{T}} (\boldsymbol{m}_2 - \boldsymbol{m}_1)(\boldsymbol{m}_2 - \boldsymbol{m}_1)^{\boldsymbol{T}} w = (m_2 - m_1)^2,$$
$$w^{\boldsymbol{T}} S_W w = w^{\boldsymbol{T}} \sum_{n \in C_1} (x_n - \boldsymbol{m}_1)(x_n - \boldsymbol{m}_1)^{\boldsymbol{T}} w + w^{\boldsymbol{T}} \sum_{n \in C_2} (x_n - \boldsymbol{m}_2)(x_n - \boldsymbol{m}_2)^{\boldsymbol{T}} w$$
$$= \sum_{n \in C_1} (y_n - m_1)^2 + \sum_{n \in C_2} (y_n - m_2)^2$$

より

$$J(w) = \frac{w^{\boldsymbol{T}} S_B w}{w^{\boldsymbol{T}} S_W w}.$$

これが最大となる w の値を求めてみよう. 大きさはどうでもよくて向きが重要である.

$$\frac{\partial}{\partial w} J(w) = \Big(2(S_B w)(w^{\boldsymbol{T}} S_W w) - 2(w^{\boldsymbol{T}} S_B w)(S_W w) \Big) / (w^{\boldsymbol{T}} S_W w)^2 = 0.$$

よって

$$(w^{\boldsymbol{T}} S_B w) S_w w = (w^{\boldsymbol{T}} S_W w) S_B w.$$

$S_B w = (\boldsymbol{m}_2 - \boldsymbol{m}_1) \left((\boldsymbol{m}_2 - \boldsymbol{m}_1)^{\boldsymbol{T}} w \right) \propto (\boldsymbol{m}_2 - \boldsymbol{m}_1)$ だから

$$w \propto S_W^{-1} S_B w \propto S_W^{-1} (\boldsymbol{m}_2 - \boldsymbol{m}_1)$$

のときに $J(w)$ が最大となる. これをフィッシャーの線形判別 (linear discriminant) という.

4.6 最小二乗との関連

- 最小二乗法：目的変数の値の集合にできるだけ近いように
- フィッシャーの判別基準：クラスの分離を最大化するように

2 クラスの分類のときは最小二乗の特別な場合がフィッシャーの判別基準であることをみる. フィッシャーの判別基準が, 最小二乗と関係があることが分かるとそちらの議論が使えていろいろ便利なことがある.

クラス C_i に属するパターンの個数を N_i として全体を $N := N_1 + N_2$ とする. クラス C_1 に対する目的変数値を N/N_1, クラス C_2 に対する目的変数値を $-N/N_2$ とする.

この条件下で二乗和誤差

$$E := \frac{1}{2} \sum_{n=1}^{N} (w^{\boldsymbol{T}} x_n + w_0 - t_n)^2$$

を最大化してみよう.

$$\frac{\partial E}{\partial w_0} = \sum (w^{\boldsymbol{T}} x_n + w_0 - t_n) = 0$$

より $\boldsymbol{m} := (1/N) \sum x_n$ とおくと $N w^{\boldsymbol{T}} m + N w_0 - \sum t_n = 0$.

$$\sum t_n = N_1(N/N_1) + N_2(-N/N_2) = 0$$

より $w_0 = -w^{\boldsymbol{T}} \boldsymbol{m}$. また

$$\sum (w^{\boldsymbol{T}} x_n) x_n = \sum (x_n^{\boldsymbol{T}} w) x_n = \sum (x_n x_n^{\boldsymbol{T}}) w.$$

$$\sum w_0 x_n = N w_0 \boldsymbol{m} = -N(w^{\boldsymbol{T}} \boldsymbol{m}) \boldsymbol{m} = -N(\boldsymbol{m}\boldsymbol{m}^{\boldsymbol{T}}) w.$$

$$\sum t_n x_n = \sum_{n \in C_1} t_n x_n + \sum_{n \in C_2} t_n x_n = N/N_1(N_1 \boldsymbol{m}_1) + (-N/N_2)(N_2 \boldsymbol{m}_2) = N(\boldsymbol{m}_1 - \boldsymbol{m}_2).$$

よって

$$\frac{\partial}{\partial w} E = \sum \left(w^{\boldsymbol{T}} x_n + w_0 - t_n \right) x_n = 0$$

を使うと

$$\sum (x_n x_n^{\boldsymbol{T}}) w = N(\boldsymbol{m}\boldsymbol{m}^{\boldsymbol{T}}) w + N(\boldsymbol{m}_1 - \boldsymbol{m}_2).$$

これらの式を使って S_w を計算する.

$$\begin{aligned} S_W &= \sum_{n \in C_1} x_n x_n^{\boldsymbol{T}} - 2 \sum_{C_1} x_n \boldsymbol{m}_1^{\boldsymbol{T}} + \sum_{C_1} \boldsymbol{m}_1 \boldsymbol{m}_1^{\boldsymbol{T}} + \sum_{C_2} x_n x_n^{\boldsymbol{T}} - 2 \sum_{C_2} x_n \boldsymbol{m}_2^{\boldsymbol{T}} \\ &+ \sum_{C_2} \boldsymbol{m}_2 \boldsymbol{m}_2^{\boldsymbol{T}} = \sum x_n x_n^{\boldsymbol{T}} - N_1 \boldsymbol{m}_1 \boldsymbol{m}_1^{\boldsymbol{T}} - N_2 \boldsymbol{m}_2 \boldsymbol{m}_2^{\boldsymbol{T}} \\ &= N(\boldsymbol{m}\boldsymbol{m}^{\boldsymbol{T}}) w + N(\boldsymbol{m}_1 - \boldsymbol{m}_2) - N_1 \boldsymbol{m}_1 \boldsymbol{m}_1^{\boldsymbol{T}} - N_2 \boldsymbol{m}_2 \boldsymbol{m}_2^{\boldsymbol{T}}. \end{aligned}$$

よって

$$\begin{aligned} \left(S_W + \frac{N_1 N_2}{N} S_B \right) w = N(\boldsymbol{m}_1 - \boldsymbol{m}_2) \\ + \Big(N \boldsymbol{m}\boldsymbol{m}^{\boldsymbol{T}} - N_1 \boldsymbol{m}_1 \boldsymbol{m}_1^{\boldsymbol{T}} - N_2 \boldsymbol{m}_2 \boldsymbol{m}_2^{\boldsymbol{T}} \\ + \frac{N_1 N_2}{N} (\boldsymbol{m}_1 - \boldsymbol{m}_2)(\boldsymbol{m}_1 - \boldsymbol{m}_2)^{\boldsymbol{T}} \Big) w. \end{aligned}$$

() 内が 0 であることを示す.

$$\begin{aligned} () &= \frac{1}{N} (N_1 \boldsymbol{m}_1 + N_2 \boldsymbol{m}_2)(N_1 \boldsymbol{m}_1 + N_2 \boldsymbol{m}_2)^{\boldsymbol{T}} - N_1 \boldsymbol{m}_1 \boldsymbol{m}_1^{\boldsymbol{T}} - N_2 \boldsymbol{m}_2 \boldsymbol{m}_2^{\boldsymbol{T}} \\ &+ \frac{N_1 N_2}{N} \left(\boldsymbol{m}_1 \boldsymbol{m}_2^{\boldsymbol{T}} + \boldsymbol{m}_2 \boldsymbol{m}_2^{\boldsymbol{T}} \right) \\ &= \left(\frac{N_1^2}{N} - N_1 + \frac{N_1 N_2}{N} \right) \boldsymbol{m}_1 \boldsymbol{m}_1^{\boldsymbol{T}} + \left(\frac{2}{N} N_1 N_2 - \frac{2}{N} N_1 N_2 \right) \boldsymbol{m}_1 \boldsymbol{m}_2^{\boldsymbol{T}} \\ &+ \left(\frac{N_2^2}{N} - N_2 + \frac{N_1 N_2}{N} \right) \boldsymbol{m}_2 \boldsymbol{m}_2^{\boldsymbol{T}}, \end{aligned}$$

$$\frac{N_1^2}{N} - N_1 + \frac{N_1 N_2}{N} = \frac{N_1}{N}(N_1 - N + N_2) = 0,$$

$$\frac{N_2^2}{N} - N_2 + \frac{N_1 N_2}{N} = \frac{N_2}{N}(N_2 - N + N_1) = 0.$$

よって

$$\left(S_W + \frac{N_1 N_2}{N} S_B \right) w = N(\boldsymbol{m}_1 - \boldsymbol{m}_2).$$

$S_B w \propto (\boldsymbol{m}_2 - \boldsymbol{m}_1)$ なので $w \propto S_W^{-1} (\boldsymbol{m}_2 - \boldsymbol{m}_1)$.

4.7 確率的生成モデル 分類を確率的な視点から見る．生成的アプローチ

- $p(x\,|\,C_k)$：モデル化されたクラスの条件付き確率密度
- $p(C_k)$：クラスの事前確率

$$p(C_1\,|\,x) = \frac{p(x\,|\,C_1)\,p(C_1)}{p(x\,|\,C_1)\,p(C_1) + P(x\,|\,C_2)\,p(C_2)}$$

とする．ロジスティックシグモイド関数を

$$\sigma(a) := \frac{1}{1+\exp(-a)}$$

と定義し，

$$a := \log\frac{p(x\,|\,C_1)\,p(C_1)}{p(x\,|\,C_2)\,p(C_2)} \text{とすると}$$

$$\sigma(a) = \frac{1}{1+\frac{p(x\,|\,C_2)\,p(C_2)}{p(x\,|\,C_1)\,p(C_1)}} = p(C_1\,|\,x).$$

ロジスティックシグモイド関数の関数の性質：

$$\sigma(-a) = \frac{1}{1+e^a} = 1 - \frac{e^a}{1+e^a} = 1 - \frac{1}{1+e^{-a}} = 1-\sigma(a).$$

$$\sigma(a) = \frac{e^a}{e^a+1}$$

より $e^a(\sigma(a)-1) = -\sigma(a)$．よって

$$a = \log\frac{\sigma(a)}{1-\sigma(a)}.$$

この関数をロジット関数という．

$K > 2$ クラスの場合，$a_k = \log(p(x\,|\,C_k)\,p(C_k))$ より

$$p(C_k\,|\,x) = \frac{p(x\,|\,C_k)\,p(C_k)}{\sum_j p(x\,|\,C_j)\,p(C_j)} = \frac{\exp(a_k)}{\sum_j \exp(a_j)}$$

となる．この関数は正規化指数関数，あるいはソフトマックス関数という．

4.8 連続値入力 条件付き確率密度がガウス分布，そのガウス分布の共分散行列 ($\Sigma = A$) がすべてのクラスで共通と仮定する．

$$p(x\,|\,C_k) = \frac{1}{(2\pi)^{D/2}}\frac{1}{|A|^{1/2}}\exp\left(-\frac{1}{2}(x-\mu_k)^{\boldsymbol{T}}A^{-1}(x-\mu_k)\right).$$

$$\begin{aligned}
a &= \log\frac{p(x\,|\,C_1)\,p(C_1)}{p(x\,|\,C_2)\,p(C_2)}\\
&= \log\frac{p(C_1)}{p(C_2)} - \frac{1}{2}(x-\mu_1)^{\boldsymbol{T}}A^{-1}(x-\mu_1) + \frac{1}{2}(x-\mu_2)^{\boldsymbol{T}}A^{-1}(x-\mu_2)\\
&= \log\frac{p(C_1)}{p(C_2)} - \frac{1}{2}\mu_1^{\boldsymbol{T}}A^{-1}\mu_1 + \frac{1}{2}\mu_2^{\boldsymbol{T}}A^{-1}\mu_2 + (\mu_1-\mu_2)^{\boldsymbol{T}}Ax.
\end{aligned}$$

よって

$$w_0 := -\frac{1}{2}\mu_1^{\boldsymbol{T}}A^{-1}\mu_1 + \frac{1}{2}\mu_2^{\boldsymbol{T}}A^{-1}\mu_2 + \log\frac{p(C_1)}{p(C_2)},$$

$$w := A^{-1}(\mu_1-\mu_2)$$

とおくと $p(C_1\,|\,x) = \sigma(w^{\boldsymbol{T}}x + w_0)$．つまりロジスティックシグモイド関数の中は x について線形．

K クラスの場合, 上で定義した a_k を用いると

$$a_k = \log p(C_k) - \frac{1}{2}\mu_k^{\boldsymbol{T}} A^{-1}\mu_k + \mu_k^{\boldsymbol{T}} A^{-1}x - \frac{1}{2}x^{\boldsymbol{T}} A^{-1}x + \text{const.}$$
$$= a'_k - \frac{1}{2}x^{\boldsymbol{T}} A^{-1}x + \text{const.}$$

ここで $a'_k := w_k^{\boldsymbol{T}} x + w_{k0}$, $w_k := A^{-1}\mu_k$, $w_{k0} := -(1/2)\mu_k^{\boldsymbol{T}} A^{-1}\mu_k + \log p(C_k)$.

(注) PRML (4.63) の a_k の定義だと x の 2 次の項が残るため, 式 (4.68) を出すにはそれを除かなければならない.

よって

$$p(C_k \mid x) = \frac{\exp(a_k)}{\sum_j \exp(a_j)} = \frac{\exp(a'_k)\exp\left(-(1/2)x^{\boldsymbol{T}} A^{-1}x + \text{const.}\right)}{\sum_j \exp(a'_j)\exp\left(-(1/2)x^{\boldsymbol{T}} A^{-1}x + \text{const.}\right)} = \frac{\exp(a'_k)}{\sum_j \exp(a'_j)}.$$

4.9 最尤解 条件付き確率分布がガウス分布, それらが共通の共分散行列を持つと仮定する.

2 クラスの場合を考える. データ集合 $\{(x_n, t_n)\}$, $n = 1, \ldots, N$. $t_n = 1$ はクラス C_1, $t_n = 0$ はクラス C_2 とする[*1]. さらに $p(C_1) = p$, $p(C_2) = 1 - p$ という事前確率を割り当てる. N_i をクラス C_i のデータの個数, $N = N_1 + N_2$ を総数とする.

$$p(x_n, C_1) = p(C_1)\,p(x_n \mid C_1) = p\mathcal{N}(x_n \mid \mu_1, A),$$
$$p(x_n, C_2) = p(C_2)\,p(x_n \mid C_2) = p(1-p)\mathcal{N}(x_n \mid \mu_2, A).$$

尤度関数は

$$p(t, X \mid p, \mu_1, \mu_2, A) := \prod^{N} (p\mathcal{N}(x_n \mid \mu_1, A))^{t_n} \left((1-p)\mathcal{N}(x_n \mid \mu_2, A)\right)^{1-t_n}.$$

このうち p に関する部分の対数は

$$\sum (t_n \log p + (1 - t_n)\log(1-p)).$$

p で微分して 0 とおく.

$$\frac{1}{p}\sum t_n - \frac{1}{1-p}\sum(1 - t_n) = \frac{1}{p}N_1 - \frac{1}{1-p}N_2 = \frac{(1-p)N_1 - pN_2}{p(1-p)} = 0.$$

よって $p = N_1/(N_1 + N_2) = N_1/N$. つまり p に関する最尤推定は C_1 内の個数になる.

K クラスのときを考えてみよう. $\sum p_i = 1$. 尤度関数は

$$p(t, X \mid p_1, \ldots, p_K, \mu_1, \ldots, \mu_K, A) = \prod_{n=1}^{N}\prod_{i=1}^{K} p_i\mathcal{N}(x_n \mid \mu_i, A))^{t_{ni}}.$$

この対数に未定乗数法の $\lambda(\sum p_i - 1)$ の項を加え, p_i に関する部分を抜き出すと

$$\sum_n t_{ni}\log p_i + \lambda p_i.$$

p_i で微分して 0 とおくと $\sum_n (t_{ni}/p_i) + \lambda = 0$. よって

$$-p_i\lambda = \sum_n t_{ni} = N_i$$

また $-\sum_i p_i\lambda = -\lambda = \sum_i N_i = N$ より $p_i = -N_i/\lambda = N_i/N$.

さて 2 クラスの問題に戻って μ_i について最大化してみよう. μ_1 についての部分は

$$\sum t_n \log\mathcal{N}(x_n \mid \mu_1, A) = -\frac{1}{2}\sum t_n (x_n - \mu_1)^{\boldsymbol{T}} A^{-1}(x_n - \mu_1) + \text{const.}$$

μ_1 で微分して 0 とおくと

$$\sum t_n A^{-1}(x_n - \mu_1) = A^{-1}\left(\sum t_n x_n - \mu_1 \sum t_n\right) = A^{-1}\left(\sum t_n x_n - \mu_1 N_1\right) = 0.$$

[*1] PRML では「データ集合 $\{x_n, t_n\}$」と書かれているが, x_n と t_n は対であるため括弧で囲った.

よって

$$\mu_1 = \frac{1}{N_1}\sum t_n x_n.$$

μ_2 については $\sum(1-t_n)\log\mathcal{N}(x_n \mid \mu_2, A)$ を考えて

$$\mu_2 = \frac{1}{N_2}\sum(1-t_n)x_n.$$

最後に A に関する最尤解を求める．A に関する部分の対数は

$$\begin{aligned}
&-\frac{1}{2}\sum_{n=1}^{N}\Big(t_n\log|A| + t_n(x_n-\mu_1)^{\boldsymbol{T}}A^{-1}(x_n-\mu_1)\\
&\quad +(1-t_n)\log|A| + (1-t_n)(x_n-\mu_2)^{\boldsymbol{T}}A^{-1}(x_n-\mu_2)\Big)\\
&= -\frac{N}{2}\log|A|\\
&\quad -\frac{1}{2}\operatorname{tr}\left(\sum_{n=1}^{N}\left(t_nA^{-1}(x_n-\mu_1)(x_n-\mu_1)^{\boldsymbol{T}} + (1-t_n)A^{-1}(x_n-\mu_2)(x_n-\mu_2)^{\boldsymbol{T}}\right)\right)\\
&= -\frac{N}{2}\log|A|\\
&\quad -\frac{1}{2}\operatorname{tr}\left(A^{-1}\left(\sum_{n\in C_1}(x_n-\mu_1)(x_n-\mu_1)^{\boldsymbol{T}} + \sum_{n\in C_2}(x_n-\mu_2)(x_n-\mu_2)^{\boldsymbol{T}}\right)\right)\\
&= -\frac{N}{2}\log|A| - \frac{1}{2}\operatorname{tr}\left(A^{-1}(N_1S_1+N_2S_2)\right) = -\frac{N}{2}\log|A| - \frac{N}{2}\operatorname{tr}(A^{-1}S)
\end{aligned}$$

ここで最後の式変形に

$$S_i := \frac{1}{N_i}\sum_{n\in C_i}(x_n-\mu_i)(x_n-\mu_i)^{\boldsymbol{T}}, \quad S := \frac{N_1}{N}S_1 + \frac{N_2}{N}S_2$$

を用いた．これを A で微分する．2 章で示した行列式の対数の微分の公式 (2)：式 (2.7)

$$\frac{\partial}{\partial A}\log|A| = (A^{-1})^{\boldsymbol{T}}$$

と式 (2.8)：

$$\frac{\partial}{\partial A}\operatorname{tr}(A^{-1}B) = -(A^{-1}BA^{-1})^{\boldsymbol{T}}$$

を使うと

$$-\frac{N}{2}\left((A^{-1})^{\boldsymbol{T}} - (A^{-1}SA^{-1})^{\boldsymbol{T}}\right) = 0.$$

よって $A = S$ となる．これは 2 クラスの各クラスの共分散行列の重みつき平均である．またフィッシャーの判別基準で求めた総クラス内共分散行列 S_W を N で割ったものに等しいことにも注意する．

4.10 ロジスティック回帰 2 クラス分類問題において，ある程度一般的な仮定の下で C_1 の事後確率は

$$p(C_1 \mid \phi) = y(\phi) = \sigma(w^{\boldsymbol{T}}\phi)$$

とかけた．もちろん $p(C_2 \mid \phi) = 1 - p(C_1 \mid \phi)$ である．この式の導出に使った仮定を忘れ，これを出発点としこの形の関数を使うモデルをロジスティック回帰 (logistic regression) という．このモデルにおけるパラメータを最尤法で求める．

$$\sigma(x) = \frac{1}{1+e^{-x}}$$

としたとき

$$\sigma'(x) = -\frac{-e^{-x}}{(1+e^{-x})^2} = \frac{e^{-x}}{(1+e^{-x})^2} = \frac{1}{1+e^{-x}}\left(1 - \frac{1}{1+e^{-x}}\right) = \sigma(x)(1-\sigma(x)).$$

データ集合 $\{(\phi_n, t_n)\}$, $t_n \in \{0,1\}$, $\phi_n = \phi(x_n)$, $n = 1, \ldots, N$, $t = (t_1, \ldots, t_N)^{\boldsymbol{T}}$, $y_n = p(C_1 \mid \phi_n) = \sigma(a_n)$, $a_n = w^{\boldsymbol{T}} \phi_n$ とする．尤度関数は

$$p(t \mid w) = \prod_{n=1}^{N} y_n^{t_n}(1-y_n)^{1-t_n}.$$

誤差関数は

$$E(w) = -\log p(t \mid w) = -\sum (t_n \log y_n + (1-t_n)\log(1-y_n)).$$

w で微分してみよう．まず

$$\frac{\partial}{\partial w} y_n = \sigma'(a_n)\phi_n = y_n(1-y_n)\phi_n.$$

よって

$$\begin{aligned}\frac{\partial}{\partial w}E &= -\sum (t_n(1-y_n)\phi_n + (1-t_n)(-y_n)\phi_n) \\ &= \sum(-t_n + t_n y_n + y_n - y_n t_n)\phi = \sum(y_n - t_n)\phi_n.\end{aligned}$$

$y_n - t_n$ は目的値とモデルの予測値との誤差なので, PRML 3.1.1 で扱われた線形回帰モデルのときと同じ形になる．

4.11 反復再重み付け最小二乗 いわゆるニュートン・ラフラソン法は関数 $f(x)$ の零点を求める方法である：零点の近似解 x_n が与えられたときにより近い値 x_{n+1} を見つける．x_n における接線の方程式 $f'(x_n)(x-x_n) + f(x_n) = 0$ の解を x_{n+1} とすると $x_{n+1} = x_n - (f'(x_n))^{-1} f(x_n)$ であるが，ここで $n \to \infty$ として得られる $x = \lim_{n\to\infty} x_n$ が $f(x)$ の零点である．

さて，関数 $E(w)$ を最小化するためのベクトル w を与える更新式を考えてみると，最小化を与える w は $\frac{\partial}{\partial w}E(w)$ の零点．$\frac{\partial}{\partial w}E(w)$ の零点を求める問題にニュートン・ラフラソン法を適用する．w を古い値, w' を新しい値, $H(w)$ を $E(w)$ のヘッシアンとする．$f \longleftrightarrow \frac{\partial}{\partial w}E(w)$, $f' \longleftrightarrow H(w)$ という対応により

$$w' = w - H(w)^{-1}\frac{\partial}{\partial w}E(w).$$

この式を線形回帰モデルに適用してみる．

$$E(w) = \frac{1}{2}\sum\left(t_n - w^{\boldsymbol{T}}\phi(x_n)\right)^2, \phi_n = \phi(x_n)$$

を w で微分して $\Phi = (\phi_1, \ldots)^{\boldsymbol{T}}$ とおくと

$$\frac{\partial}{\partial w}E(w) = \sum(t_n - w^{\boldsymbol{T}}\phi_n)\phi_n = \sum \phi_n \phi_n^{\boldsymbol{T}} w - \sum \phi_n t_n = \Phi^{\boldsymbol{T}}\Phi w - \Phi^{\boldsymbol{T}} t.$$

$$H = H(w) = \frac{\partial^2}{\partial w_i \partial w_j}E(w) = \Phi^{\boldsymbol{T}}\Phi.$$

更新式に代入すると

$$w' = w - (\Phi^{\boldsymbol{T}}\Phi)^{-1}(\Phi^{\boldsymbol{T}}\Phi w - \Phi^{\boldsymbol{T}} t) = (\Phi^{\boldsymbol{T}}\Phi)^{-1}\Phi^{\boldsymbol{T}} t.$$

これは最小二乗解である．つまり 1 回の更新で厳密解に到達した．線形回帰モデルは w に関して 2 次なので $\frac{\partial}{\partial w}E(w)$ に関しては 1 次だからである．次にロジスティック回帰に適用してみる．

$$E(w) = -\sum (t_n \log y_n + (1-t_n)\log(1-y_n)), y_n = \sigma(a_n) = \sigma(w^{\boldsymbol{T}}\phi_n).$$

$$\frac{\partial}{\partial w}E(w) = \sum(y_n - t_n)\phi_n.$$

$y'_n = y_n(1-y_n)\phi_n$ だったので

$$H = \sum \phi_n y_n(1-y_n)\phi_n^{\boldsymbol{T}} = \Phi^{\boldsymbol{T}} R\Phi.$$

ここで $R = \mathrm{diag}(R_n) = \mathrm{diag}(y_n(1-y_n))$.

$H > 0$ を確認する．任意の縦ベクトル u に対して $v = \Phi u$ とおくと $v \neq 0$ ならば

$$u^{\boldsymbol{T}} Hu = v^{\boldsymbol{T}} Rv = \sum y_n(1-y_n)v_n^2 > 0.$$

最後の不等号では $0 < y_n < 1$ を用いた．ヘッシアンが正定値であることが分かったので交差エントロピー誤差関数は唯一の最小解を持つ.

w の更新式を見てみよう．

$$\begin{aligned} w' &= w - (\Phi^{\boldsymbol{T}} R\Phi)^{-1}\Phi^{\boldsymbol{T}}(y-t) = (\Phi^{\boldsymbol{T}} R\Phi)^{-1}(\Phi^{\boldsymbol{T}} R\Phi w - \Phi^{\boldsymbol{T}}(y-t)) \\ &= (\Phi^{\boldsymbol{T}} R\Phi)^{-1}\Phi^{\boldsymbol{T}} R(\Phi w - R^{-1}(y-t)) = (\Phi^{\boldsymbol{T}} R\Phi)^{-1}\Phi^{\boldsymbol{T}} Rz. \end{aligned}$$

ここで $z = \Phi w - R^{-1}(y-t)$ である．R は y_n つまり w に依存しているので正規方程式は更新式ごとに計算し直す必要がある．反復再重み付き最小二乗法 (IRLS: iterative reweighted least squares method) という．

$t=1$ をクラス C_1, $t=0$ をクラス C_2 に割り当てて，それぞれの確率は y, $1-y$ だから

$$\mathbb{E}[t] = y = \sigma(x).$$

$t^2 = t$ だから

$$\mathrm{var}[t] = \mathbb{E}[t^2] - \mathbb{E}[t]^2 = \mathbb{E}[t] - \mathbb{E}[t]^2 = y - y^2 = y(1-y).$$

つまり重み付け対角行列 R の対角成分は分散である．

IRLS を線形近似の解として解釈することも出来る．すなわち $a = w^{\boldsymbol{T}}\phi$, $y = \sigma(a)$ という関係を通じて a を y の関数とみなし，a_n を目標値 t_n の変数とみなして近次解 $y_n = \sigma(w_{\mathrm{old}}^{\boldsymbol{T}}\phi)$ のまわりで一次近似を行うと

$$\begin{aligned} a_n &\approx a_n(y_n) + \frac{\partial}{\partial y_n} a_n \bigg|_{t_n = y_n} (t_n - y_n) = w_{\mathrm{old}}^{\boldsymbol{T}}\phi + \frac{1}{y_n(1-y_n)}(t_n - y_n) \\ &= w_{\mathrm{old}}^{\boldsymbol{T}}\phi - \frac{y_n - t_n}{y_n(1-y_n)} = z_n. \end{aligned}$$

つまり z_n は線形近似したときの目標変数値と解釈できる．

4.12 Jensen の不等式 実数上の実数値関数 $f(x)$ が凸関数であるとする．すなわち任意の x, y, $0 \le t \le 1$ に対して

$$tf(x) + (1-t)f(y) \ge f(tx + (1-t)y)$$

である．

$p_1, \ldots, p_n$ を足して 1 になる非負の数，すなわち $\sum_{i=1}^n p_i = 1$, $p_i \ge 0$ とする．

このとき n 個の任意の実数 $x_1, \ldots, x_n$ に対して

$$\sum_{i=1}^n p_i f(x_i) \ge f\left(\sum_{i=1}^n p_i x_i\right).$$

これを Jensen の不等式という．

証明は数学的帰納法を使う．$n=1$ のときは自明．n のとき成り立つとし，

$$\sum_{i=1}^{n+1} p_i = 1$$

とする．$q = \sum_{i=1}^n p_i$ とおくと $q + p_{n+1} = 1$. $q = 0$ のときは $p_{n+1} = 1$ となり上記不等式は自明になりたつ．$q \neq 0$ のときは $\sum_{i=1}^n (p_i/q) = 1$ に注意して計算すると，

$$\sum_{i=1}^{n+1} p_i f(x_i) = q\sum_{i=1}^{n}(p_i/q)f(x_i) + p_{n+1}f(x_{n+1})$$

(帰納法の仮定を用いて)

$$\geq qf\left(\sum_{i=1}^{n}(p_i/q)x_i\right) + p_{n+1}f(x_{n+1})$$

(f が凸関数であることを用いて)

$$\geq f\left(q\left(\sum_{i=1}^{n}(p_i/q)x_i\right) + p_{n+1}x_{n+1}\right) = f\left(\sum_{i=1}^{n+1}p_i x_i\right).$$

4.13　多クラスロジスティック回帰　多クラス分類の事後確率を

$$p(C_k \mid \phi) = y_k(\phi) = \frac{\exp(a_k)}{\sum_j \exp(a_j)}, \quad a_k = w_k^{\boldsymbol{T}}\phi$$

で与えたときに最尤法を用いて直接 w_k を求めよう.

$$\frac{\partial}{\partial a_k}y_k = \frac{\exp(a_k)\left(\sum \exp(a_j)\right) - \exp(a_k)\exp(a_k)}{\left(\sum \exp(a_j)\right)^2} = y_k - y_k^2.$$

$k \neq j$ として

$$\frac{\partial}{\partial a_j}y_k = -\frac{\exp(a_k)\exp(a_j)}{(\sum \exp(a_j))^2} = -y_k y_j.$$

よってこの二つをまとめて

$$\frac{\partial}{\partial a_j}y_k = y_k(\delta_{kj} - y_j). \tag{4.1}$$

さて, 目的変数ベクトル t_n を k 番目の要素だけが 1 であるものとし, $(t_n)_k = t_{nk}$, $y_{nk} = y_k(\phi_n)$, $T = (t_{nk})$ とおくと,

$$p(T \mid w_1, \ldots, w_k) = \prod_{n=1}^{N}\prod_{k=1}^{K} p(C_k \mid \phi_n)^{t_{nk}} = \prod_{n,k} y_{nk}^{t_{nk}}.$$

交差エントロピー誤差関数は

$$E = -\log p(T \mid w_1, \ldots, w_k) = -\sum_{n,k} t_{nk}\log y_{nk}.$$

よって

$$\frac{\partial}{\partial w_j}E = -\sum_{n,k} t_{nk}\frac{y_k(\phi_n)(\delta_{kj} - y_j(\phi_n))}{y_k(\phi_n)}\phi_n = -\sum_{n,k} t_{nk}(\delta_{kj} - y_{nj})\phi_n$$

$$= -\sum_n\left(\left(\sum_k t_{nk}\delta_{kj}\right) - \left(\sum_k t_{nk}\right)y_{nj}\right)\phi_n = -\sum_n (t_{nj} - y_{nj})\phi_n$$

$$= \sum (y_{nj} - t_{nj})\phi_n.$$

やはり誤差 $y_{nj} - t_{nj}$ と基底関数 ϕ_n の積となる.

ヘッシアンをみる.

$$\frac{\partial}{\partial w_k}y_{nj} = \frac{\partial}{\partial w_k}y_j(\phi_n) = y_k(\phi_n)(\delta_{kj} - y_j(\phi_n))\phi_n = y_{nk}(\delta_{kj} - y_{nj})\phi_n$$

より

$$H = \frac{\partial^2}{\partial w_k \partial w_j}E = \sum_n y_{nk}(\delta_{kj} - y_{nj})\phi_n\phi_n^{\boldsymbol{T}}.$$

H が正定値であることを示そう．任意の $M \times K$ 次元ベクトルを $u = (u_1^{\boldsymbol{T}}, \ldots, u_K^{\boldsymbol{T}})^{\boldsymbol{T}}$, u_k は M 次元ベクトルとする．$v_{nk} = u_k^{\boldsymbol{T}} \phi_n$, $f(x) = x^2$ とおく．$f(x)$ は下に凸.

$$u^{\boldsymbol{T}} H u = \sum_{n,k,j} y_{nk}(\delta_{kj} - y_{nj})(u_k^{\boldsymbol{T}} \phi_n)(\phi_n^{\boldsymbol{T}} u_j)$$

$$= \sum_n \left(\sum_{k,j} y_{nk} \delta_{kj} v_{nk} v_{nj} - \sum_{k,j} y_{nk} y_{nj} v_{nk} v_{nj} \right)$$

$$\text{(一般に} \left(\sum_k x_k \right)^2 = \left(\sum_k x_k \right) \left(\sum_j x_j \right) = \sum_{k,j} x_k x_j \text{ より)}$$

$$= \sum_n \left(\sum_k y_{nk} v_{nk}^2 - \left(\sum_k y_{nk} v_{nk} \right)^2 \right).$$

ここで $\sum_k y_{nk} = 1$, $0 < y_{nk} < 1$ より Jensen の不等式を適用すると $u^{\boldsymbol{T}} H u \geq 0$.

4.14 **プロビット回帰** 指数型分布族で表される条件付き確率分布に対して，クラスの事後確率はある線形関数とロジスティック（またはソフトマックス）関数の合成で表された．$a = w^{\boldsymbol{T}} \phi$, $f(a)$ を活性化関数として

$$p(t = 1 \mid a) = f(a).$$

と書ける範囲でもう少し考察する．$f(a)$ がある確率密度 $p(\theta)$ の累積分布関数で表されるとする．とくに $p(\theta) = \mathcal{N}(\theta \mid 0, 1)$ のとき累積分布関数は

$$\Phi(a) = \int_{-\infty}^{a} \mathcal{N}(\theta \mid 0, 1)\, d\theta.$$

この逆関数をプロビット関数（probit）という．誤差関数を

$$\mathrm{erf}(a) = \frac{2}{\sqrt{\pi}} \int_0^a \exp\left(-\theta^2\right) d\theta$$

で定義する．$x = \theta/\sqrt{2}$ とおくと $dx = d\theta/\sqrt{2}$.

$$\Phi(a) = \int_{-\infty}^{a} = \int_{-\infty}^{0} + \int_0^a = \frac{1}{2} + \int_0^a \frac{1}{\sqrt{2\pi}} \exp\left(-\frac{\theta^2}{2}\right) d\theta$$

$$= \frac{1}{2} + \int_0^{a/\sqrt{2}} \frac{1}{\sqrt{2\pi}} \exp\left(-x^2\right) \sqrt{2}\, dx$$

$$= \frac{1}{2} \left(1 + \frac{2}{\sqrt{\pi}} \int_0^{a/\sqrt{2}} \exp\left(-x^2\right) dx \right) = \frac{1}{2} \left(1 + \mathrm{erf}\left(\frac{a}{\sqrt{2}} \right) \right).$$

プロビット活性化関数を用いた一般化線形モデルをプロビット回帰という．

$x \to \infty$ でロジスティック回帰の微分は $\sigma'(x) = \exp(-x)/(1 + \exp(-x))^2 \sim \exp(-x)$. プロビット回帰の微分は $\Phi'(x) \sim \exp(-x^2)$. つまりプロビット関数の逆関数はロジスティック関数よりも急速に 1 に近づき平らになる．プロビット回帰の方が外れ値に敏感.

4.15 **正準連結関数** 活性化関数として正準連結関数（canonical link function）と呼ばれるものを使い，条件付き確率分布に指数型分布族を選んだときに誤差関数の微分が「誤差」×「特徴ベクトル」という形で書けることを示そう．

$$p(t \mid \eta, s) = \frac{1}{s} h(t/s) g(\eta) \exp\left(\frac{\eta t}{s}\right)$$

とする．確率なので $\int p(t \mid \eta, s)\, dt = 1$. つまり

$$g(\eta) \int h(t/s) \exp\left(\frac{\eta t}{s}\right) dt = s.$$

η で微分して

$$\left(\frac{\partial}{\partial\eta}g(\eta)\right)\int h(t/s)\exp\left(\frac{\eta t}{s}\right)dt+g(\eta)\int(t/s)h(t/s)\exp\left(\frac{\eta t}{s}\right)dt$$
$$=\left(\frac{\partial}{\partial\eta}g(\eta)\right)\left(\frac{s}{g(\eta)}\right)+\int tp(t\,|\,\eta,s)\,dt=s\frac{\partial}{\partial\eta}\log g(\eta)+\mathbb{E}[t]=0.$$

よって

$$y=\mathbb{E}[t]=-s\frac{\partial}{\partial\eta}\log g(\eta).$$

y が η の関数として表せた．この逆関数が存在するとしてそれを $\eta=\psi(y)$ と書くことにする．y を連結関数 $f(a)$ と w の線形関数の合成,

$$y=f(w^{\boldsymbol{T}}\phi)$$

と書けるモデルを考える．対数尤度関数は

$$\log p(t\,|\,\eta,s)=\sum_{n=1}^{N}\log p(t_n\,|\,\eta,s)=\sum_{n=1}^{N}\left(\log g(\eta_n)+\frac{\eta_n t_n}{s}\right)+\text{const.}$$

を考える．ここで s と η は独立, $\eta_n=\phi(y_n)$, $y_n=f(a_n)$, $a_n=w^{\boldsymbol{T}}\phi_n$.

パラメータが多いので依存関係に注意して微分する．

$$\frac{\partial}{\partial w}\eta_n=\psi'(y_n)f'(a_n)\phi_n,$$
$$\frac{\partial}{\partial w}\log g(\eta_n)=\frac{g'(\eta_n)}{g(\eta_n)}\psi'(y_n)f'(a_n)\phi_n=-\frac{y_n}{s}\phi'(y_n)f'(a_n)\phi_n.$$

よって

$$\frac{\partial}{\partial w}\log p(t\,|\,\eta,s)=\sum_n\frac{1}{s}(t_n-y_n)\psi'(y_n)f'(a_n)\phi_n.$$

連結関数として $f^{-1}(y)=\psi(y)$ となるものを使ってみよう．$f(\psi(y))=y$ を y で微分して

$$f'(\psi(y))\psi'(y)=1.$$

同じことだが $a=f^{-1}(y)=\psi(y)$ を使って

$$f'(a)\psi'(y)=1.$$

よって

$$\frac{\partial}{\partial w}E(w)=-\frac{\partial}{\partial w}\log p(t\,|\,\eta,s)=\frac{1}{s}\sum_n(y_n-t_n)\phi_n.$$

「誤差」×「特徴ベクトル」という形で書けることが分かった．

4.16 ラプラス近似 ロジスティック回帰のベイズ的な扱いは解析的に難しい．ここではラプラス近似というものを紹介する．これは連続変数上の確率密度分布をあるガウス分布で近似することである (当然複数の山があると辛い).

$$p(z)=\frac{1}{Z}f(z)$$

$Z=\int f(z)\,dz$ は正規化係数で未知とする．$p(z)$ のモード, つまり最大値を与える z_0 を探そう．暗に山形を仮定しているので $f(z_0)>0$, $f''(z)<0$ とする．$f'(z_0)=0$ だから $\log f(z)$ を $z=z_0$ の付近でテイラー展開すると

$$\log f(z)\approx\log f(z_0)+\frac{f'(z_0)}{f(z_0)}(z-z_0)+\frac{1}{2}\frac{d^2}{dz^2}\log f(z_0)(z-z_0)^2$$
$$=\log f(z_0)+\frac{1}{2}\frac{d^2}{dz^2}\log f(z_0)(z-z_0)^2.$$

$$A = -\frac{d^2}{dz^2}\log f(z)\Big|_{z=z_0}$$

とおくと

$$\log f(z) \approx \log f(z) - \frac{1}{2}A(z-z_0)^2.$$

つまり

$$f(z) \approx f(z_0)\exp\left(-\frac{1}{2}A(z-z_0)^2\right).$$

よって正規分布で近似すると

$$q(z) = \left(\frac{A}{2\pi}\right)^{1/2}\exp\left(-\frac{1}{2}A(z-z_0)^2\right).$$

M 次元の場合を考える．$p(z) = (1/Z)f(z)$．$z = z_0$ が最大値を与えるなら $p(z_0) > 0$, $\frac{\partial}{\partial z}f(z_0) = 0$．1次元と同様に

$$A = -\frac{\partial^2}{\partial z_i \partial z_j}\log f(z)\Big|_{z=z_0}$$

とすると $A > 0$（正定値）で

$$f(z) \approx f(z_0)\exp\left(-\frac{1}{2}(z-z_0)^{\boldsymbol{T}}A(z-z_0)\right).$$

よって

$$q(z) = \mathcal{N}(z\,|\,z_0, A^{-1}) = \sqrt{\frac{|A|}{(2\pi)^M}}\exp\left(-\frac{1}{2}(z-z_0)^{\boldsymbol{T}}A(z-z_0)\right).$$

山が複数ある多峰的なときはどのモードを選ぶかでラプラス近似は異なる．総的的にデータ数が多くなるとガウス分布に近づくので近似はよくなるが，ある点での近傍の情報しか利用していないため大域的な特徴がとらえられるとは限らない．

4.17 モデルの比較と BIC 前節のラプラス近似を行うと正規化係数 Z の近似も分かる．ガウス分布の特性から

$$Z = \int f(z)\,dx \approx \int f(z_0)\exp\left(-\frac{1}{2}(z-z_0)^{\boldsymbol{T}}A(z-z_0)\right)dx = f(z_0)\sqrt{\frac{(2\pi)^M}{|A|}}. \quad (4.2)$$

データ集合 D, パラメータ $\{\theta_i\}$ の集合 $\{M_i\}$ を考えて各モデルに対して $p(D\,|\,\theta_i, M_i)$ を定義する．事前確率 $p(\theta_i\,|\,M_i)$ を決めてモデルエビデンス $p(D\,|\,M_i)$ を計算してみよう．以下 M_i を略す．また行列作用素 $(\frac{\partial^2}{\partial\theta_i\partial\theta_j})$ を ∇^2 と書くことにする．

$$p(D) = \int p(D\,|\,\theta)\,p(\theta)\,d\theta.$$

$f(\theta) = p(D\,|\,\theta)\,p(\theta)$, $Z = p(D)$ とすると $\theta = \theta_{\mathrm{MAP}}$ のときのラプラス近似を用いて

$$A = -\nabla^2\log p(D\,|\,\theta_{\mathrm{MAP}})\,p(\theta_{\mathrm{MAP}}).$$

$$\begin{aligned}\log p(D) &= \log Z \approx \log f(\theta_{\mathrm{MAP}}) + \log\sqrt{\frac{(2\pi)^M}{|A|}} \\ &= \log p(D\,|\,\theta_{\mathrm{MAP}}) + \left(\log p(\theta_{\mathrm{MAP}}) + \frac{M}{2}\log(2\pi) - \frac{1}{2}\log|A|\right).\end{aligned}$$

括弧内の後ろ三項を Occam 係数という．

この値をごくごく粗く近似してみる．

$$p(\theta) = \mathcal{N}(\theta\,|\,m, B^{-1}),$$
$$H = -\nabla^2\log p(D\,|\,\theta_{\mathrm{MAP}})$$

とすると

$$A = H - \nabla^2 \log p(\theta_{\mathrm{MAP}}) = H + B.$$

$$\log p(\theta) = \log |B|^{1/2} - (M/2)\log(2\pi) - (1/2)(\theta - m)^{\boldsymbol{T}} B(\theta - m)$$

を使って

$$\log p(D) \approx \log p(D \mid \theta_{\mathrm{MAP}}) - \frac{1}{2}(\theta_{\mathrm{MAP}} - m)^{\boldsymbol{T}} B(\theta_{\mathrm{MAP}} - m) - \frac{1}{2}\log|H + B| + \frac{1}{2}\log|B|.$$

データ集合 D の点の個数を N とし，それぞれが独立であると考えると H の各要素は $O(N)$．B は N や次元の数 M には依存しないので M, N を大きくしたとき無視できるとすると C を定数として

$$\log|H| \approx \log \prod^{M} (NC) = M \log N + M \log C \approx M \log N.$$

よって

$$\log p(D) \approx \log p(D \mid \theta_{\mathrm{MAP}}) - \frac{1}{2} M \log N.$$

これをベイズ情報量基準（Bayesian Information Criterion, BIC）と呼ばれるモデルの良さを評価するための指標に一致する．かなり無理筋な近似ではあるが，ラプラス近似が（別の方法で導出される）BIC と関連があることを暗示している．

4.18 ディラックのデルタ関数 ヘヴィサイド関数 $H(x)$ を $\mathbb{R}$ から $\mathbb{R}$ への関数で

$$H(x) = \begin{cases} 1 & (x > 0), \\ 0 & (x \le 0) \end{cases}$$

と定義する．気持ち的にはデルタ関数はヘヴィサイド関数の微分である．

$$H'(x) = \delta(x).$$

$x = 0$ 以外では微分すると 0 で，$x = 0$ では無限大になるので

$$\delta(x) = \begin{cases} \infty & (x = 0), \\ 0 & (x \ne 0) \end{cases}$$

という感じである．ただ，実際にはデルタ関数は積分を通してしか扱われない．厳密には測度論や関数解析の理論を用いて正当化されなければならないが次のような関係式が成り立つ．

$$\int_{-\infty}^{\infty} \delta(x)\,dx = \Big[H(x)\Big]_{-\infty}^{\infty} = H(\infty) - H(-\infty) = 1.$$

実数値関数 $f(x)$ に対して部分積分を適用すると

$$\begin{aligned} \int_{-\infty}^{\infty} f(x)\delta(x)\,dx &= \Big[H(x)f(x)\Big]_{-\infty}^{\infty} - \int_{-\infty}^{\infty} H(x)f'(x)\,dx \\ &= f(\infty) - \int_{0}^{\infty} f'(x)\,dx = f(\infty) - (f(\infty) - f(0)) = f(0). \end{aligned}$$

4.19 ロジスティックシグモイド関数とプロビット関数の逆関数

ロジスティックシグモイド

$$\sigma(a) = \frac{1}{1 + e^{-a}}.$$

プロビット関数の逆関数

$$\Phi(a) = \int_{-\infty}^{a} \mathcal{N}(\theta \mid 0, 1)\,d\theta.$$

$\Phi(\lambda a)$ で $\sigma(a)$ を近似するように λ を調節する．近似にあたっては，これらが原点で同じ傾きをもつようにしよう．

$$\sigma'(0) = \sigma(a)(1-\sigma(a))\Big|_{a=0} = \frac{1}{2}\left(1-\frac{1}{2}\right) = \frac{1}{4},$$

$$\frac{\partial}{\partial a}\left(\Phi'(\lambda a)\right)\Big|_{a=0} = \frac{1}{\sqrt{2\pi}}\lambda \exp\left(-\frac{1}{2}(\lambda a)^2\right)\Big|_{a=0} = \frac{\lambda}{\sqrt{2\pi}}.$$

この二つが等しいので $\lambda/\sqrt{2\pi} = 1/4$ より $\lambda = \sqrt{\pi/8}$ を得る．

Φ と $\mathcal{N}$ に関する畳み込み計算の関係式：$\lambda > 0$ として

$$\int_{-\infty}^{\infty} \Phi(\lambda a)\,\mathcal{N}(a\,|\,\mu,\sigma^2)\,da = \Phi\left(\frac{\lambda\mu}{\sqrt{1+\lambda^2\sigma^2}}\right). \tag{4.3}$$

これを示そう．左辺を L, 右辺を R とおく．まずガウス分布に関する積分を簡単にする．

$$\mathcal{N}(a\,|\,\mu,\sigma^2) = \frac{1}{\sqrt{2\pi}\sigma}\exp\left(-\frac{1}{2\sigma^2}(x-\mu)^2\right).$$

$$f(x) = \mathcal{N}(x\,|\,0,1) = \frac{1}{2\pi}\exp\left(-\frac{1}{2}x^2\right)$$

とおく．

$$\Phi(x) = \int_{-\infty}^{x} f(y)\,dy.$$

$a = \mu + \sigma x$ とおくと $da = \sigma dx$ で

$$\mathcal{N}(a\,|\,\mu,\sigma^2) = \frac{1}{\sqrt{2\pi}\sigma}\exp\left(-\frac{1}{2\sigma^2}(\mu+\sigma x-\mu)^2\right) = \frac{1}{\sigma}\frac{1}{\sqrt{2\pi}}\exp\left(-\frac{1}{2}x^2\right) = \frac{f(x)}{\sigma}.$$

よって

$$L = \int_{-\infty}^{\infty}\Phi(\lambda\mu+\lambda\sigma x)\frac{f(x)}{\sigma}\sigma\,dx = \int_{-\infty}^{\infty}\Phi(\lambda\mu+\lambda\sigma x)f(x)\,dx.$$

まず L と R の μ に関する微分が等しいことを示す．$\Phi'(x) = f(x)$ なので

$$\frac{\partial}{\partial\mu}R = f\left(\frac{\lambda\mu}{\sqrt{1+\lambda^2\sigma^2}}\right)\frac{\lambda}{\sqrt{1+\lambda^2\sigma^2}},$$

$$\begin{aligned}\frac{\partial}{\partial\mu}L &= \int_{-\infty}^{\infty}\lambda f(\lambda\mu+\lambda\sigma x)f(x)\,dx \\ &= \lambda\int_{-\infty}^{\infty}\left(\frac{1}{\sqrt{2\pi}}\right)^2\exp\left(-\frac{1}{2}(\lambda\mu+\lambda\sigma x)^2-\frac{1}{2}x^2\right)dx.\end{aligned}$$

$\exp()$ の内側を x について平方完成しよう：

$$\begin{aligned}&-\frac{1}{2}\left(\left((\lambda\sigma)^2+1\right)x^2+2\lambda^2\mu\sigma x+\lambda^2\mu^2\right) \\ &= -\frac{1}{2}\left(\left(\sqrt{1+\lambda^2\sigma^2}x+\frac{\lambda^2\mu\sigma}{\sqrt{1+\lambda^2\sigma^2}}\right)^2+\lambda^2\mu^2-\frac{\lambda^4\mu^2\sigma^2}{1+\lambda^2\sigma^2}\right).\end{aligned}$$

定数項は

$$\lambda^2\mu^2-\frac{\lambda^4\mu^2\sigma^2}{1+\lambda^2\sigma^2} = \frac{\lambda^2\mu^2+\lambda^4\mu^2\sigma^2-\lambda^4\mu^2\sigma^2}{1+\lambda^2\sigma^2} = \frac{\lambda^2\mu^2}{1+\lambda^2\sigma^2},$$

$$\int_{-\infty}^{\infty}\exp\left(-\frac{1}{2\sigma^2}x^2\right)dx = \sqrt{2\pi}\sigma$$

より

$$I := \int_{-\infty}^{\infty}\exp\left(-\frac{1}{2}\left(\sqrt{1+\lambda^2\sigma^2}x+\frac{\lambda^2\mu\sigma}{\sqrt{1+\lambda^2\sigma^2}}\right)^2\right)dx = \frac{\sqrt{2\pi}}{\sqrt{1+\lambda^2\sigma^2}}.$$

よって

$$\frac{\partial}{\partial\mu}L = \frac{\lambda}{2\pi}\exp\left(-\frac{1}{2}\left(\frac{\lambda^2\mu^2}{1+\lambda^2\sigma^2}\right)\right)I = \frac{\lambda}{2\pi}\exp\left(-\frac{1}{2}\left(\frac{\lambda^2\mu^2}{1+\lambda^2\sigma^2}\right)\right)\frac{\sqrt{2\pi}}{\sqrt{1+\lambda^2\sigma^2}}$$
$$= \frac{\lambda}{\sqrt{1+\lambda^2\sigma^2}}f\left(\frac{\lambda\mu}{\sqrt{1+\lambda^2\sigma^2}}\right) = \frac{\partial}{\partial\mu}R.$$

つまり L と R は定数の差を除いて等しいことが分かった．定数項が 0 であることを示す．$\mu \to \infty$ で

$$L \to \int_{-\infty}^{\infty}\Phi(\infty)f(x)\,dx = \int_{-\infty}^{\infty}f(x)\,dx = 1,$$
$$R \to \int_{-\infty}^{\infty}f(y)\,dy = 1.$$

よって $L = R$ が示された．

4.20　ベイズロジスティック回帰　ベイズロジスティック回帰にラプラス近似を行ってみよう．

事前確率分布：$y_n = \sigma(w^{\boldsymbol{T}}\phi_n)$ とおいて

$$p(t\,|\,w) = \prod_{n=1}^{N} y_n^{t_n}(1-y_n)^{1-t_n}.$$

事前ガウス分布：ハイパーパラメータ m_0, S_0 を用いて

$$p(w) = \mathcal{N}(w\,|\,m_0, S_0).$$

事後分布は N 次元縦ベクトル $t = (t_0, \ldots, t_N)^{\boldsymbol{T}}$ を用いて

$$p(w\,|\,t) \propto p(w)\,p(t\,|\,w).$$

よって

$$\log p(w\,|\,t) = -\frac{1}{2}(w-m_0)^{\boldsymbol{T}}S_0^{-1}(w-m_0) + \sum_{n=1}^{N}(t_n\log y_n + (1-t_n)\log(1-y_n)) + \text{const}.$$

これを最大化する最大事後確率（MAP）の解 w_{MAP} を何らかの方法で求める．ラプラス近似をするために w_{MAP} を平均とするガウス分布で近似しよう．以後 w_{MAP} を m_N と書く．共分散は今まで何度もやった通り

$$S_N^{-1} = -\nabla^2\log p(w\,|\,t) = S_0^{-1} + \sum_{n=1}^{N} y_n(1-y_n)\phi_n\phi_n^{\boldsymbol{T}}.$$

よって事後確率分布をガウス分布で近似すると

$$q(w) = \mathcal{N}(w\,|\,m_N, S_N).$$

次に C_1 についての予測分布を求める．

$$p(C_1\,|\,\phi, t) = \int p(C_1\,|\,\phi, w)\,p(w\,|\,t)\,dw \approx \int \sigma(w^{\boldsymbol{T}}\phi)\,q(w)\,dw.$$

デルタ関数の性質から

$$\sigma(w^{\boldsymbol{T}}\phi) = \int \delta(a - w^{\boldsymbol{T}}\phi)\,\sigma(a)\,da.$$

よって

$$p(C_1\,|\,\phi, t) \approx \int\left(\int \delta(a - w^{\boldsymbol{T}}\phi)\,\sigma(a)\,q(w)\,da\right)dw$$
$$= \int\left(\int \delta(a - w^{\boldsymbol{T}}\phi)\,q(w)\,dw\right)\sigma(a)\,da = \int p(a)\,\sigma(a)\,da.$$

ただし

$$p(a) = \int \delta(a - w^{\boldsymbol{T}}\phi)\, q(w)\, dw$$

とおいた．$p(a)$ の平均を求める．$q(w)$ の平均が m_N であることに注意すると，

$$\begin{aligned}\mu_a = \mathbb{E}[a] &= \int p(a)a\, da = \int\int \delta(a - w^{\boldsymbol{T}}\phi)\, q(w) a\, dw da \\ &= \int \left(\int \delta(a - w^{\boldsymbol{T}}\phi) a\, da\right) q(w)\, dw = \int q(w)(w^{\boldsymbol{T}}\phi)\, dw \\ &= \left(\int q(w) w\, dw\right)^{\boldsymbol{T}} \phi = \mathbb{E}[w]^{\boldsymbol{T}}\phi = m_N^{\boldsymbol{T}}\phi.\end{aligned}$$

分散は

$$\begin{aligned}\sigma(a)^2 &= \int p(a)(a^2 - \mathbb{E}[a]^2)\, da \\ &= \int (\delta(a - w^{\boldsymbol{T}}\phi) a^2\, da)\, q(w)\, dw - \int (\delta(a - w^{\boldsymbol{T}}\phi)\mathbb{E}[a]^2\, da)\, q(w)\, dw \\ &= \int q(w)(w^{\boldsymbol{T}}\phi)^2\, dw - \int q(w)(m_N^{\boldsymbol{T}}\phi)^2\, dw \\ &= \phi^{\boldsymbol{T}} \left(\int q(w)(ww^{\boldsymbol{T}} - m_N m_N^{\boldsymbol{T}})\, dw\right) \phi.\end{aligned}$$

括弧内は

$$\mathbb{E}[ww^{\boldsymbol{T}}] - m_N m_N^{\boldsymbol{T}} \int q(w)\, dw = (m_N m_N^{\boldsymbol{T}} + S_N) - m_N m_N^{\boldsymbol{T}} = S_N$$

より

$$\sigma_a^2 = \phi^{\boldsymbol{T}} S_N \phi.$$

これは PRML 式 (3.59) に示されている線形回帰モデルの予測分布の分散

$$\sigma_N^2(x) = \frac{1}{\beta} + \phi(x)^{\boldsymbol{T}} S_N \phi(x)$$

で，$\beta \to \infty$ としてノイズを消したものは σ_a^2 に一致する．よって予測分布の近似は

$$p(C_1 \mid t) = \int \sigma(a)\, p(a)\, da = \int \sigma(a)\, \mathcal{N}(a \mid \mu_a, \sigma_a^2)\, da.$$

別の方法でも求めてみる：w の座標を座標変換して第一成分の単位基底ベクトル e が ϕ と同じ向きになるようにとり，残りは ϕ と直交するようにとる．つまり

$$e = \phi / \|\phi\|.$$

それに関する w の係数を $w = (w_1, w_2)^{\boldsymbol{T}}$ と書く．w_1 は 1 次元ベクトルの係数で非負，w_2 は $M-1$ 次元である．すると w と ϕ の内積は e の方向のみが残るので

$$w^{\boldsymbol{T}}\phi = w_1 \|\phi\|.$$

$q(w) = q(w_1, w_2) = q(w_2 \mid w_1)\, q(w_1)$ より

$$\begin{aligned}p &= \int \sigma(w^{\boldsymbol{T}}\phi)\, q(w)\, dw = \int \sigma(w_1 \|\phi\|) \int q(w_2 \mid w_1)\, dw_2 dw_1 \\ &= \int \sigma(w_1 \|\phi\|) \left(\int q(w_2 \mid w_1)\, dw_2\right) q(w_1)\, dw_1 \\ &\quad (\text{括弧内は } 1 \text{ なので}) \\ &= \int \sigma(w_1 \|\phi\|)\, q(w_1)\, dw_1.\end{aligned}$$

$q(w) \mathcal{N}(w \mid m_N, S_N)$ で $w = (w_1, w_2)^{\boldsymbol{T}}$ と書いたときの w_1 に関する周辺分布は e 方向へ

の射影化になる：

$$q(w_1) = \mathcal{N}(w_1 \mid e^{\boldsymbol{T}} m_N, e^{\boldsymbol{T}} S_N e).$$

$a = w_1 \|\phi\|$ と書くと a に関しては平均は $\|\phi\|$ 倍, 分散は $\|\phi\|^2$ 倍されるので

$$q(a) = \mathcal{N}\left(a \,\middle|\, (\|\phi\|\, e)^{\boldsymbol{T}} m_N, \|\phi\|\, e^{\boldsymbol{T}} S_N \|\phi\|\, e\right) = \mathcal{N}\left(a \,\middle|\, \phi^{\boldsymbol{T}} m_N, \phi^{\boldsymbol{T}} S_N \phi\right).$$

ロジスティックシグモイド関数でのガウス分布の畳み込み積分は解析的には難しい. ここではロジスティックシグモイド関数をプロビット関数の逆関数で近似することで畳み込み積分を解析的に扱おう. 前節の結果から $\lambda = \sqrt{\pi/8}$ として $\sigma(a) \approx \Phi(\lambda a)$ と近似すると

$$\begin{aligned}\int \sigma(a)\, \mathcal{N}(a \mid \mu, \sigma^2)\, da &\approx \sigma\left(\frac{\mu}{\sqrt{1+\lambda^2\sigma^2}}\right) \\ &\qquad (\kappa(\sigma^2) = 1/\sqrt{1+(\pi/8)\sigma^2}\text{とおくと}) \\ &= \sigma\left(\kappa(\sigma^2)\mu\right). \end{aligned} \tag{4.4}$$

よって

$$p(C_1 \mid \phi, t) \approx \sigma(\kappa(\sigma_a^2)\, \mu_a)$$

という近似予測分布が得られた.

第 5 章 「ニューラルネットワーク」の補足

PRML の 5 章では, 本来別の記号を割り当てるべきところに同じ記号を用いることがあり, 初読時には混乱しやすい. 慣れてしまえば読むのは難しくないが, ここでは出来るだけ区別してみる.

5.1 フィードフォワードネットワーク関数 3 章, 4 章でやったモデルは基底関数 ϕ_j とパラメータ w_j の線形和を非線形活性化関数に入れたものだった. ここではそれを拡張する. $x_1, \ldots, x_D$ を入力変数とし $x_0 = 1$ をバイアス項（定数項）に対応する変数, $w_{ji}^{(1)}$ をパラメータとして

$$\hat{a}_j = \sum_{i=0}^{D} w_{ji}^{(1)} x_i \tag{5.1}$$

とする. PRML (5.2) では上記の活性 $\hat{a}_j$ を a_j と書いているが, すぐあとに出てくる PRML (5.3) の出力ユニット活性 a_k とは別のものである. ここでは異なることを強調するために $\hat{a}_j$ とする.

$\hat{a}_j$ を活性化関数 h で変換する.

$$z_j = h(\hat{a}_j).$$

h としてはロジスティックシグモイドなどのシグモイド関数が用いられる. これらの線形和をとって出力ユニット活性を求める. $z_0 = 1$ をバイアス項に対応する変数として

$$a_k = \sum_{j=0}^{M} w_{kj}^{(2)} z_j.$$

この出力ユニット活性を活性化関数を通してネットワークの出力 y_k とする. 2 クラス分類問題ならロジスティックシグモイド関数を使う.

$$y_k = y_k(x, w) = \sigma(a_k).$$

ここで w は $\{w_{ji}^{(1)}, w_{kj}^{(2)}\}$ をまとめたベクトルである. これらの式を組み合わせると

$$y_k = \sigma\left(\sum_{j=0}^{M} w_{kj}^{(2)} h\left(\sum_{i=0}^{D} w_{ji}^{(1)} x_i\right)\right).$$

5.2 ネットワーク訓練 回帰問題を考える．入力ベクトル x と K 次元の目標変数 t があり，x, w における t の条件付き確率が精度 βI のガウス分布とする．N 個の同時独立分布 $x = \{x_1, \ldots, x_N\}$ と対応する目標値 $t = \{t_1, \ldots, t_N\}$ を用意し，出力ユニットの活性化関数を恒等写像として $y_n = y(x_n, w)$ とする．

$$p(t \mid x, w) = \prod_{n=1}^{N} \mathcal{N}(t_n \mid y(x_n, w), \beta^{-1} I).$$

対数をとると

$$\begin{aligned}\log p(t \mid x, w) &= -\sum_n \left(\frac{1}{2}(t_n - y_n)^{\boldsymbol{T}}(\beta I)(t_n - y_n)\right) \\ &\quad -\sum_n \frac{K}{2}\log(2\pi) - \sum_n \frac{1}{2}\log|\beta^{-1} I| \\ &= -\frac{\beta}{2}\sum_n \|t_n - y(x_n, w)\|^2 - \frac{DN}{2}\log(2\pi) + \frac{NK}{2}\log\beta. \qquad (5.2)\end{aligned}$$

そうするとこの関数の w についての最大化は最初の項の最小化，つまり

$$E(w) = \frac{1}{2}\sum_n \|y(x_n, w) - t_n\|^2$$

の最小化と同等である．最小値を与える $w(= w_{\mathrm{ML}})$ をなんらかの方法で求める．その値を式 (5.2) に代入して β で微分して 0 とおくと

$$-\frac{1}{2}\sum_n \|t_n - y(x_n, w_{\mathrm{ML}})\|^2 + \frac{NK}{2}\frac{1}{\beta} = 0.$$

よって

$$\frac{1}{\beta_{\mathrm{ML}}} = \frac{1}{NK}\sum_n \|t_n - y(x_n, w_{\mathrm{ML}})\|^2 .$$

5.2.1 問題に応じた関数の選択 回帰問題を考える．a_k の活性化関数を恒等写像にとる．すると二乗和誤差関数の微分は

$$\frac{\partial E}{\partial a_k} = y_k - t_k.$$

クラス分類問題でも同様の関係式が成り立つことを確認しよう．

目標変数 t が $t = 1$ でクラス C_1, $t = 0$ でクラス C_2 を表す 2 クラス分類問題を考える．活性化関数をロジスティックシグモイド関数に選ぶ．

$$y = \sigma(a) = \frac{1}{1 + \exp(-a)}.$$

この微分は $dy/da = \sigma(a)(1 - \sigma(a)) = y(1 - y)$ であった．$p(t = 1 \mid x) = y(x, w)$, $p(t = 0 \mid x) = 1 - y(x, w)$ なので

$$p(t \mid x, w) = y(x, w)^t (1 - y(x, w))^{1-t} .$$

よって 4 章と同様にして交差エントロピー誤差関数は

$$E(w) = -\sum_{n=1}^{N} (t_n \log y_n + (1 - t_n)\log(1 - y_n)) .$$

これを a_k で微分すると

$$\begin{aligned}\frac{\partial E}{\partial a_k} &= -\left(t_k \frac{y_k(1 - y_k)}{y_k} + (1 - t_k)\frac{-y_k(1 - y_k)}{1 - y_k}\right) \\ &= -(t_k - t_k y_k - y_k + y_k t_k)\end{aligned}$$

$$= y_k - t_k.$$

K 個の 2 クラス分類問題を考える．それぞれの活性化関数がロジスティックシグモイド関数とする．

$$p(t \mid x, w) = \prod_{k=1}^{K} y_k(x, w)^{t_k}(1 - y_k(x, w))^{1-t_k}.$$

$y_{nk} = y_k(x_n, w)$ とし n 番目の入力 x_n に対する目標変数を t_{nk} で表す．$t_{nk} \in \{0, 1\}$ であり，$\sum_k t_{nk} = 1$ である．

$$E(w) = -\prod_{n,k}(t_{nk} \log y_{nk} + (1 - t_{nk}) \log(1 - y_{nk})).$$

y_{nj} に対応する a を a_{nj} とすると

$$\frac{\partial E(w)}{\partial a_{nj}} = -(t_{nj}(1 - y_{nj}) + (1 - t_{nj})(-y_{nj})) = y_{nj} - t_{nj}.$$

最後に K クラス分類問題を考える．同様に n 番目の入力 x_n に対する目標変数 t_{nk} で表す．$y_k(x_n, w)$ を t_{nk} が 1 となる確率 $p(t_{nk} = 1 \mid x_n)$ とみなす．

$$E(w) = -\log p(t \mid x, w) = -\sum_{n,k} t_{nk} \log y_k(x_n, w).$$

活性化関数はソフトマックス関数で

$$y_k(x, w) = \frac{\exp(a_k(x, w))}{\sum_j \exp(a_j(x, w))}$$

のとき

$$\frac{\partial y_k}{\partial a_j} = y_k(\delta_{kj} - y_j).$$

よって $a_{nj} = a_j(x_n, w)$ とすると

$$\frac{\partial}{\partial a_{nj}} \log y_k(x_n, w) = \frac{1}{y_{nk}} \frac{\partial y_{nk}}{\partial a_{nj}} = \delta_{kj} - y_{nj}.$$

よって

$$\frac{\partial E}{\partial a_{nj}} = -\sum_k t_{nk}(\delta_{kj} - y_{nj}) = -t_{nj} + \left(\sum_k t_{nk}\right) y_{nj} = y_{nj} - t_{nj}.$$

5.3 局所二次近似 スカラー x についての関数 $E(x)$ の $x = a$ におけるテイラー展開を 2 次の項で打ち切った近似式は

$$E(x) \approx E(a) + E'(a)(x - a) + \frac{1}{2}E''(a)(x - a)^2$$

であった．これを n 変数関数 $E(x_1, \ldots, x_n)$ に拡張する．$x = (x_1, \ldots, x_n)^{\boldsymbol{T}}$，$a = (a_1, \ldots, a_n)^{\boldsymbol{T}}$ とおいて

$$\begin{aligned} E(x) &\approx E(a) + (x - a)^{\boldsymbol{T}} \left(\frac{\partial}{\partial x_i} E\right) + \frac{1}{2}(x - a)^{\boldsymbol{T}} \left(\frac{\partial^2 E}{\partial x_i \partial x_j}\right)(x - a) \\ &= E(a) + (x - a)^{\boldsymbol{T}}(\nabla E) + \frac{1}{2}(x - a)^{\boldsymbol{T}} H(E)(x - a) \end{aligned}$$

となる．$E(x)$ が $x = a$ の付近で極小ならば，そこでの勾配 ∇E は 0 なので

$$E(x) \approx E(a) + \frac{1}{2}(x - a)^{\boldsymbol{T}} H(E)(x - a).$$

$H(E)$ は対称行列なので 3.6 節の議論より対角化することで

$$E(x) \approx E(a) + \frac{1}{2} \sum_i \lambda_i y_i^2$$

の形にできる．そして $E(x)$ が $x=a$ の付近で極小となるのは $H(E)>0$（正定値）であるときとわかる．

なお, $H(f)=\nabla^2 f=\nabla(\nabla f)$ という表記をすることがある．微分作用素 ∇ を2回するので2乗の形をしている．ただ ∇f が縦ベクトルならもう一度 ∇ をするときは結果が行列になるように，入力ベクトルの転置を取って作用するとみなす．n^2 次元の長いベクトルになるわけではない．

5.4 誤差関数微分の評価 与えられたネットワークに対して誤差関数の変化の割合を調べる．この節ではどの変数がどの変数に依存しているか気をつけて微分する必要がある．誤差関数が訓練集合の各データに対する誤差の和で表せると仮定する：

$$E(w)=\sum_{n=1}^{N}E_n(w).$$

一般のフィードフォワードネットワークで

$$a_j=\sum_i w_{ji}z_i,\quad z_j=h(a_j) \tag{5.3}$$

とする．入力 z_i が出力ユニット a_j に影響を与え，その a_j が非線形活性化関数 $h()$ を通して z_j に影響を与える．ある特定のパターン E_n の重み w_{ji} に関する微分を考える．以下，特定のパターンを固定することで E_n 以外の添え字の n を省略する．式 (5.3) のように E_n は非線形活性化関数 h の変数 a_j を通して w_{ji} に依存している．

$$\frac{\partial E_n}{\partial w_{ji}}=\frac{\partial E_n}{\partial a_j}\frac{\partial a_j}{\partial w_{ji}}.$$

a_j は w_{ji} に関しては線形なので

$$\frac{\partial a_j}{\partial w_{ji}}=z_i.$$

誤差と呼ばれる記号 $\delta_j=\partial E_n/\partial a_j$ を導入すると

$$\frac{\partial E_n}{\partial w_{ji}}=\delta_j z_i$$

と書ける．δ_j は $h()$ が正準連結関数の場合は5.2節での考察により

$$\delta_j=\frac{\partial E_n}{\partial a_j}=y_j-t_j$$

で計算できる．ユニット j につながっているユニット k を通して E_n への a_j の影響があると考えると

$$\frac{\partial E_n}{\partial a_j}=\sum_k\frac{\partial E_n}{\partial a_k}\frac{\partial a_k}{\partial a_j}. \tag{5.4}$$

ここで a_j と a_k は z を経由して関係していると考えているので $\partial a_k/\partial a_j=\delta_{jk}$（クロネッカーのデルタ）にはならないことに注意する（2層ネットワークの場合 a_j は式 (5.1) で定義した $\hat{a}_j$ である）．実際，

$$a_k=\sum_i w_{ki}h(a_i)$$

より

$$\frac{\partial a_k}{\partial a_j}=w_{kj}h'(a_j).$$

これを式 (5.4) に代入して

$$\delta_j=\frac{\partial E_n}{\partial a_j}=\sum_k\delta_k w_{kj}h'(a_j)=h'(a_j)\sum_k w_{kj}\delta_k.$$

5.5 外積による近似

$$E(w)=\frac{1}{2}\sum_{n=1}^{N}(y_n-t_n)^2$$

のときのヘッセ行列は

$$H=H(E)=\sum_n(\nabla y_n)(\nabla y_n)^{\boldsymbol{T}}+\sum_n(y_n-t_n)H(y_n).$$

一般には成立しないがもしよく訓練された状態で y_n が目標値 t_n に十分近ければ第 2 項を無視できる．その場合 $b_n=\nabla y_n=\nabla a_n$（活性化関数が恒等写像なので）とおくと

$$H\approx\sum_n b_n b_n^{\boldsymbol{T}}.$$

これを Levenberg–Marquardt 近似という．

$$E=\frac{1}{2}\iint(y(x,w)-t)^2p(x,t)\,dxdt$$

のときのヘッセ行列を考えてみると

$$\frac{\partial E}{\partial w_i}=\iint(y-t)\frac{\partial y}{\partial w_i}p(x,t)\,dxdt.$$

$$\begin{aligned}
\frac{\partial^2 E}{\partial w_i\partial w_j}&=\iint\left(\frac{\partial y}{\partial w_j}\frac{\partial y}{\partial w_i}+(y-t)\frac{\partial^2 y}{\partial w_i\partial w_j}\right)p(x,t)\,dxdt.\\
&\quad(p(x,t)=p(t\,|\,x)\,p(x)\text{ より})\\
&=\int\frac{\partial y}{\partial w_j}\frac{\partial y}{\partial w_i}\left(\int p(t\,|\,x)\,dt\right)p(x)\,dx\\
&\quad+\int\frac{\partial^2 y}{\partial w_i\partial w_j}\left(\int(y-t)\,p(t\,|\,x)\,dt\right)p(x)\,dx\\
&\quad(\text{第 1 項のカッコ内は 1．第 2 項は } y(x)=\int t\,p(t\,|\,x)\,dt \text{ を使うと 0})\\
&=\int\frac{\partial y}{\partial w_j}\frac{\partial y}{\partial w_i}p(x)\,dx.
\end{aligned}$$

ロジスティックシグモイドのときは

$$\begin{aligned}
\nabla E(w)&=\sum_n\frac{\partial E}{\partial a_n}\nabla a_n=-\sum_n\left(\frac{t_n y_n(1-y_n)}{y_n}-\frac{(1-t_n)y_n(1-y_n)}{1-y_n}\right)\nabla a_n\\
&=\sum_n(y_n-t_n)\nabla a_n.
\end{aligned}$$

よって $y_n\approx t_n$ なら

$$\begin{aligned}
\nabla^2E(w)&=\sum_n\frac{\partial y_n}{\partial a_n}\nabla a_n\nabla a_n^{\boldsymbol{T}}+\sum_n(y_n-t_n)\nabla^2 a_n\\
&\approx\sum_n y_n(1-y_n)\nabla a_n\nabla a_n^{\boldsymbol{T}}.
\end{aligned}$$

5.6 ヘッセ行列の厳密な評価 この節は計算は難しくはないが，記号がややこしいので書いてみる．変数の関係式は $\hat{a}_j=\sum_i w_{ji}^{(1)}x_i$, $z_j=h(\hat{a}_j)$, $a_k=\sum_j w_{kj}^{(2)}z_j$, $y_k=a_k$ である．PRML の a_j と a_k は違う対象であることに注意する．ここでは a_j の代わりに $\hat{a}_j$ を使う．

添え字の i, i' は入力，j, j' は隠れユニット，k, k' は出力である．また

$$\delta_k=\frac{\partial E_n}{\partial a_k},\quad M_{kk'}=\frac{\partial^2 E_n}{\partial a_k\partial a_{k'}}$$

という記号を導入する．E_n 以外の添え字 n を省略する．

5.6.1 両方の重みが第 2 層にある

$$\frac{\partial a_k}{\partial w_{kj}^{(2)}} = z_j, \quad \frac{\partial E_n}{\partial w_{kj}^{(2)}} = \frac{\partial a_k}{\partial w_{kj}^{(2)}} \frac{\partial E_n}{\partial a_k} = z_j \delta_k.$$

よって

$$\frac{\partial^2 E_n}{\partial w_{kj}^{(2)} \partial w_{k'j'}^{(2)}} = \frac{\partial a'_k}{\partial w_{k'j'}^{(2)}} \frac{\partial}{\partial a_{k'}} \left(\frac{\partial E_n}{\partial w_{kj}^{(2)}} \right) = z_{j'} z_j \frac{\partial \delta_k}{\partial a_{k'}} = z_j z_{j'} M_{kk'}.$$

5.6.2 両方の重みが第 1 層にある

$$\frac{\partial a_k}{\partial \hat{a}_j} = w_{kj}^{(2)} h'(\hat{a}_j), \quad \frac{\partial \hat{a}_j}{\partial w_{ji}^{(1)}} = x_i$$

より

$$\frac{\partial E_n}{\partial w_{ji}^{(1)}} = \frac{\partial \hat{a}_j}{\partial w_{ji}^{(1)}} \frac{\partial E_n}{\partial \hat{a}_j} = x_i \sum_k \frac{\partial a_k}{\partial \hat{a}_j} \frac{\partial E_n}{\partial a_k} = x_i \sum_k w_{kj}^{(2)} h'(\hat{a}_j) \delta_k,$$

$$\frac{\partial^2 E_n}{\partial w_{ji}^{(1)} \partial w_{j'i'}^{(1)}} = \frac{\partial \hat{a}_{j'}}{\partial w_{j'i'}^{(1)}} \frac{\partial}{\partial \hat{a}_{j'}} \left(\frac{\partial E_n}{\partial w_{ji}^{(1)}} \right) = x_i x_{i'} \underbrace{\frac{\partial}{\partial \hat{a}_{j'}} \left(h'(\hat{a}_j) \sum_k w_{kj}^{(2)} \delta_k \right)}_{=:A}.$$

$j = j'$ のとき

$$A = h''(\hat{a}_{j'}) \sum_k w_{kj}^{(2)} \delta_k + B, \quad B := h'(\hat{a}_j) \frac{\partial}{\partial \hat{a}_{j'}} \left(\sum_k w_{kj}^{(2)} \delta_k \right).$$

$j \neq j'$ のとき

$$B = h'(\hat{a}_j) \sum_{k'} \frac{\partial a_{k'}}{\partial \hat{a}_j} \frac{\partial}{\partial a_{k'}} \left(\sum_k w_{kj}^{(2)} \delta_k \right) = \sum_{k,k'} h'(\hat{a}_j) h'(\hat{a}_{j'}) w_{k'j'}^{(2)} w_{kj}^{(2)} M_{kk'}.$$

二つをまとめて

$$\frac{\partial^2 E_n}{\partial w_{ji}^{(1)} \partial w_{j'i'}^{(1)}} = x_i x_{i'} \left\{ h''(\hat{a}_{j'}) \delta_{jj'} \sum_k w_{kj}^{(2)} \delta_k + h'(\hat{a}_j) h'(\hat{a}_{j'}) \sum_{k,k'} w_{kj}^{(2)} w_{k'j'}^{(2)} M_{kk'} \right\}.$$

$\delta_{jj'}$ はクロネッカーのデルタ.

5.6.3 重みが別々の層に一つずつある

$$\frac{\partial E_n}{\partial w_{kj'}^{(2)}} = z_{j'} \delta_k, \quad \frac{\partial^2 E_n}{\partial w_{ji}^{(1)} \partial w_{kj'}^{(2)}} = \frac{\partial \hat{a}_j}{\partial w_{ji}^{(1)}} \underbrace{\frac{\partial}{\partial \hat{a}_j} (z_{j'} \delta_k)}_{=:A}, \quad \frac{\partial \hat{a}_j}{\partial w_{ji}^{(1)}} = x_i.$$

$j = j'$ のとき

$$A = h'(\hat{a}_{j'}) \delta_k + B, \quad B := z_{j'} \frac{\partial \delta_k}{\partial \hat{a}_j}.$$

$j \neq j'$ のとき

$$B = z_{j'} \sum_{k'} \frac{\partial a_{k'}}{\partial \hat{a}_j} \frac{\partial \delta_k}{\partial a_{k'}} = z_{j'} \sum_{k'} w_{k'j}^{(2)} h'(\hat{a}_j) M_{kk'}.$$

よって

$$\frac{\partial^2 E_n}{\partial w_{ji}^{(1)} \partial w_{kj'}^{(2)}} = x_i h'(\hat{a}_j) \left\{ \delta_{jj'} \delta_k + z_{j'} \sum_{k'} w_{k'j}^{(2)} M_{kk'} \right\}.$$

5.7 ヘッセ行列の積の高速な計算 応用面を考えると最終的に必要なものはヘッセ行列 H そのものではなくあるベクトル v と H の積であることが多い. H を計算せず直接 $v^{\boldsymbol{T}} H = v^{\boldsymbol{T}} \nabla\nabla$ を計算するために, 左半分だけを取り出して $\mathcal{R}\{\cdot\} = v^{\boldsymbol{T}}\nabla$ という記法を導入する. 5.3 節の終わりに書いたようにこの ∇ は入力が縦ベクトルなら転置を取ってから作用するとみなす. なお, v に依存するものをあたかも依存しないかのように $\mathcal{R}\{\cdot\}$ と書いてしまうのは筋がよいとは思わない.

簡単な例を見てみよう. 2 変数関数 $y = f(x_1, x_2)$ について

$$\mathcal{R}\{\cdot\} = (v_1, v_2)\nabla = (v_1, v_2)\begin{pmatrix} \frac{\partial}{\partial x_1} \\ \frac{\partial}{\partial x_2} \end{pmatrix}.$$

よって

$$\mathcal{R}\{x_1\} = (v_1, v_2)\begin{pmatrix} 1 \\ 0 \end{pmatrix} = v_1, \quad \mathcal{R}\{x_2\} = (v_1, v_2)\begin{pmatrix} 0 \\ 1 \end{pmatrix} = v_2.$$

これを, $\mathcal{R}\{\}$ は入力値の x_i をその添え字に対応する v_i に置き換える作用と考えることにする. $\mathcal{R}\{\}$ は x_i について明らかに線形, つまり

$$\mathcal{R}\{ax_1 + bx_2\} = av_1 + bv_2 = a\mathcal{R}\{x_1\} + b\mathcal{R}\{x_2\}.$$

前節と同じ 2 層ネットワークで考えてみる. $a_j = \sum_i w_{ji}^{(1)} x_i$, $z_j = h(a_j)$, $y_k = \sum_j w_{kj}^{(2)} z_j$ である. a_k の代わりに y_k を使うので $\hat{a}_j$ ではなく PRML と同じ a_j にする. PRML では w_{ji} の肩の添え字を省略しているが念のためここではつけておく.

$w_{ji}^{(1)}$ に対応する値を v_{ji} とすると $w_{ji}^{(1)}$ の線形和である a_j について

$$\mathcal{R}\{a_j\} = \sum_i x_i \mathcal{R}\left\{w_{ji}^{(1)}\right\} = \sum_i v_{ji} x_i,$$

$$\mathcal{R}\{z_j\} = v^{\boldsymbol{T}}\nabla\left(\sum_j w_{ji}^{(1)} h(a_j)\right) = v^{\boldsymbol{T}}\left(\frac{\partial h(a_j)}{\partial a_j}\nabla a_j\right) = h'(a_j)\mathcal{R}\{a_j\},$$

$$\begin{aligned}\mathcal{R}\{y_k\} &= v^{(2)\boldsymbol{T}}\left(\nabla\left(\sum_j w_{kj}^{(2)} z_j\right)\right) = v^{(2)\boldsymbol{T}}\left(\sum_j \left(\nabla w_{kj}^{(2)}\right) z_j + \sum_j w_{kj}^{(2)} \nabla z_j\right) \\ &= \sum_j v_{kj}^{(2)} z_j + \sum_j w_{kj}^{(2)} \mathcal{R}\{z_j\}.\end{aligned}$$

なんとなくルールが見えてきたであろう. $\mathcal{R}\{\cdot\}$ は $\mathcal{R}\{w\} = v$ という記号の置き換え以外は積や合成関数の微分のルールの形に従っている (もともと微分作用素を用いて定義しているので当然ではあるが).

逆伝播の式 :

$$\delta_k^{(2)} = y_k - t_k, \quad \delta_j^{(1)} = h'(a_j)\sum_k w_{kj}^{(2)} \delta_k^{(2)}$$

で考えてみると

$$\mathcal{R}\left\{\delta_k^{(2)}\right\} = \mathcal{R}\{y_k\},$$

$$\mathcal{R}\left\{\delta_j^{(1)}\right\} = h''(a_j)\mathcal{R}\{a_j\}\left(\sum_k w_{kj}^{(2)}\delta_k^{(2)}\right) + h'(a_j)\left(\sum_k v_{kj}^{(2)}\delta_k^{(2)} + \sum_k w_{kj}^{(2)}\mathcal{R}\left\{\delta_k^{(2)}\right\}\right).$$

誤差の微分の式:

$$\frac{\partial E}{\partial w_{kj}^{(2)}} = \delta_k^{(2)} z_j, \quad \frac{\partial E}{\partial w_{jk}^{(1)}} = \delta_j^{(1)} x_i.$$

より

$$\mathcal{R}\left\{\frac{\partial E}{\partial w_{kj}^{(2)}}\right\}=\mathcal{R}\left\{\delta_k^{(2)}\right\}z_j+\delta_k^{(2)}\mathcal{R}\{z_j\},\quad \mathcal{R}\left\{\frac{\partial E}{\partial w_{jk}^{(1)}}\right\}=x_i\mathcal{R}\left\{\delta_j^{(1)}\right\}.$$

5.8 **ソフト重み共有** ネットワークの, あるグループに属する重みを等しくすることで複雑さを減らす手法がある. しかし重みが等しいという制約は厳しい. ソフト重み共有はその制約を外し, 代わりに正則化項を追加することで, あるグループに属する重みが似た値をとれるようにする手法である. π_k を混合係数として確率密度関数は

$$p(w)=\prod_i p(w_i),\quad p(w_i)=\sum_{k=1}^{M}\pi_k\,\mathcal{N}(w_i\,|\,\mu_k,\sigma_k^2).$$

$p(w_i)$ が確率分布なので混合係数は $\sum_k \pi_k=1,\ 0\le\pi_k\le 1$ を満たす. 2 乗ノルムの正規化項は平均 0 のガウス事前分布の負の対数尤度関数とみなせた. ここでは複数個の重みに対応させるため混合ガウス分布を用いてみる.

$$\Omega(w)=-\log p(w)=-\sum_i \log\left(\sum_{k=1}^{M}\pi_k\,\mathcal{N}(w_i\,|\,\mu_k,\sigma_k^2)\right).$$

最小化したい目的関数は誤差関数と正則化項の和で

$$\tilde{E}(w)=E(w)+\Omega(w).$$

$p(j)=\pi_j$ とおいて負担率を導入する.

$$\gamma_j(w_i)=p(j\,|\,w_i)=\frac{p(j)\,p(w_i\,|\,j)}{p(w_i)}=\frac{\pi_j\,\mathcal{N}(w_i\,|\,\mu_j,\sigma_j^2)}{p(w_i)}.$$

正規分布の微分

$$\begin{aligned}
\frac{\partial}{\partial x}\mathcal{N}(x\,|\,\mu,\sigma)&=\mathcal{N}(x\,|\,\mu,\sigma)\left(-\frac{x-\mu}{\sigma^2}\right),\\
\frac{\partial}{\partial \mu}\mathcal{N}(x\,|\,\mu,\sigma)&=\mathcal{N}(x\,|\,\mu,\sigma)\left(\frac{x-\mu}{\sigma^2}\right),\\
\frac{\partial}{\partial \sigma}\mathcal{N}(x\,|\,\mu,\sigma)&=\mathcal{N}(x\,|\,\mu,\sigma)\left(-\frac{1}{\sigma}+\frac{(x-\mu)^2}{\sigma^3}\right)
\end{aligned}$$

を思い出しておく. $\log p(w_i)$ を w_i で微分すると

$$\begin{aligned}
\frac{\partial}{\partial w_i}\log p(w_i)&=\frac{1}{p(w_i)}\left(\sum_k \pi_k\frac{\partial}{\partial w_i}\mathcal{N}(w_i\,|\,\mu_k,\sigma_k^2)\right)\\
&=\frac{1}{p(w_i)}\left(\sum_k \pi_k\,\mathcal{N}(w_i\,|\,\mu_k,\sigma_k^2)\left(-\frac{w_i-\mu_k}{\sigma_k^2}\right)\right)\\
&=-\sum_k\frac{\pi_k\,\mathcal{N}(w_i\,|\,\mu_k,\sigma_k)}{p(w_i)}\frac{w_i-\mu_k}{\sigma_k^2}\\
&=-\sum_k\gamma_k(w_i)\frac{w_i-\mu_k}{\sigma_k^2}.
\end{aligned}$$

よって

$$\frac{\partial\tilde{E}}{\partial w_i}=\frac{\partial E}{\partial w_i}+\sum_k\gamma_k(w_i)\frac{w_i-\mu_k}{\sigma_k^2}.$$

同様に

$$\frac{\partial}{\partial\mu_k}\log p(w)=\sum_j\frac{\partial}{\partial\mu_k}\log p(w_j)=\sum_j\frac{\pi_k\,\mathcal{N}(w_j\,|\,\mu_k,\sigma_k^2)}{p(w_j)}\frac{w_j-\mu_k}{\sigma_k^2}$$

$$= \sum_j \gamma_k(w_j)\frac{w_j - \mu_k}{\sigma_k^2}.$$

よって

$$\frac{\partial \tilde{E}}{\partial \mu_k} = \sum_j \gamma_k(w_j)\frac{\mu_k - w_j}{\sigma_k^2}.$$

$$\frac{\partial \tilde{E}}{\partial \sigma_k} = -\sum_j \frac{\partial}{\partial \sigma_k}\log p(w_j) = -\sum_j \frac{\pi_k \mathcal{N}(w_j \mid \mu_k, \sigma_k^2)}{p(w_j)}\left(-\frac{1}{\sigma_k} + \frac{(w_j - \mu_k)^2}{\sigma_k^3}\right)$$
$$= \sum_j \gamma_k(w_j)\left(\frac{1}{\sigma_k} - \frac{(w_j - \mu_k)^2}{\sigma_k^3}\right).$$

π_j に関する制約より補助変数 η_j を用いて

$$\pi_j = \frac{\exp(\eta_j)}{\sum_k \exp(\eta_k)}$$

と表すと 4.13 節式 (4.1) より

$$\frac{\partial \pi_k}{\partial \eta_j} = \pi_k(\delta_{kj} - \pi_j).$$

よって

$$\frac{\partial \tilde{E}}{\partial \eta_j} = -\sum_i \frac{\partial}{\partial \eta_j}\log p(w_i) = -\sum_i \frac{\partial}{\partial \eta_j}\log\left(\sum_k \pi_k \mathcal{N}(w_i \mid \mu_k, \sigma_k^2)\right)$$
$$= -\sum_{i,k}\frac{\mathcal{N}(w_i \mid \mu_k, \sigma_k^2)}{p(w_i)}\frac{\partial \pi_k}{\partial \eta_j} = -\sum_{i,k}\frac{\mathcal{N}(w_i \mid \mu_k, \sigma_k^2)}{p(w_i)}\pi_k(\delta_{kj} - \pi_j)$$
$$= -\sum_i \left(\frac{\pi_j \mathcal{N}(w_i \mid \mu_j, \sigma_j^2)}{p(w_i)} - \frac{\pi_j \sum_k \pi_k \mathcal{N}(w_i \mid \mu_k, \sigma_k^2)}{p(w_i)}\right)$$
$$= -\sum_i (\gamma_j(w_i) - \pi_j) = \sum_i (\pi_j - \gamma_j(w_i)).$$

5.9 混合密度ネットワーク

$$p(t \mid x) = \sum_{k=1}^{K} \pi_k(x)\mathcal{N}(t \mid \mu_k(x), \sigma_k^2(x)\, I)$$

という分布のモデルを考える．このモデルのパラメータを，x を入力としてえられるニューラルネットワークの出力となるようにとることで推論する．前節と同様 $\sum_k \pi_k(x) = 1$, $0 \le \pi_k(x) \le 1$ という制約があるので変数 a_l^π を導入し

$$\pi_k(x) = \frac{\exp(a_k^\pi)}{\sum_l \exp(a_l^\pi)}$$

とする．分散は 0 以上という制約があるので変数 a_k^σ を導入し

$$\sigma_k(x) = \exp(a_k^\sigma)$$

とする．平均は特に制約がないので

$$\mu_{kj}(x) = a_{kj}^\mu$$

とする．

$$\mathcal{N}_{nk} = \mathcal{N}(t_n \mid \mu_k(x_n), \sigma_k^2(x_n) I)$$

とおくとデータが独立の場合, 誤差関数は

$$E(w) = -\sum_n \log\left(\sum_k \pi_k(x_n)\mathcal{N}_{nk}\right).$$

前節と同様 $p(k\,|\,x) = \pi_k(x)$ とおいて負担率を

$$\gamma_{nk}(t_n\,|\,x_n) = p(k\,|\,t_n, x_n) = \frac{p(k\,|\,x_n)\,p(t_n\,|\,k)}{p(t_n\,|\,x_n)} = \frac{\pi_k\,\mathcal{N}_{nk}}{\sum_l \pi_l\,\mathcal{N}_{nl}}$$

とする.

$$\frac{\partial \pi_j}{\partial a_k^\pi} = \pi_j(\delta_{kj} - \pi_k)$$

より

$$\frac{\partial E_n}{\partial a_k^\pi} = -\frac{\sum_j \pi_j(\delta_{kj} - \pi_k)\mathcal{N}_{nj}}{\sum_j \pi_j\,\mathcal{N}_{nj}} = -(\gamma_{nk} - \pi_k) = \pi_k - \gamma_{nk}.$$

$$\mathcal{N}(t\,|\,\mu, \sigma^2 I) = \frac{1}{(2\pi)^{L/2}}\frac{1}{\sigma^L}\exp\left(-\frac{1}{2\sigma^2}\sum_{l=1}^L (t_l - \mu_l)^2\right)$$

なので

$$\frac{\partial}{\partial \mu_l}\mathcal{N}(t\,|\,\mu, \sigma^2 I) = \mathcal{N}(t\,|\,\mu, \sigma^2 I)\left(-\frac{t_l - \mu_l}{\sigma^2}\right).$$

よって

$$\frac{\partial E_n}{\partial a_{kl}^\mu} = -\frac{\mathcal{N}_{nk}}{\sum_j \pi_j\,\mathcal{N}_{nj}}\frac{t_{nl} - \mu_{kl}}{\sigma_k^2} = \gamma_{nk}\left(\frac{\mu_{kl} - t_{nl}}{\sigma_k^2}\right).$$

同様に

$$\frac{\partial}{\partial \sigma}\mathcal{N}(t\,|\,\mu, \sigma^2 I) = \mathcal{N}(t\,|\,\mu, \sigma^2 I)\left(-\frac{L}{\sigma} + \frac{\|t - \mu\|^2}{\sigma^3}\right)$$

より

$$\frac{\partial}{\partial a_{kl}^\mu}\mathcal{N}_{nj} = \delta_{jk}\,\mathcal{N}_{nj}\left(\frac{t_{nl} - \mu_{kl}}{\sigma_k^2}\right).$$

よって

$$\frac{\partial \mathcal{N}_{nk}}{\partial a_k^\sigma} = \frac{\partial \sigma_k}{\partial a_k^\sigma}\frac{\partial \mathcal{N}_{nk}}{\partial \sigma_k} = \sigma_k\,\mathcal{N}_{nk}\left(-\frac{L}{\sigma_k} + \frac{\|t_n - \mu_k\|^2}{\sigma_k^3}\right) = \mathcal{N}_{nk}\left(-L + \frac{\|t_n - \mu_k\|^2}{\sigma_k^2}\right).$$

よって

$$\frac{\partial E_n}{\partial a_k^\sigma} = \gamma_{nk}\left(L - \frac{\|t_n - \mu_k\|^2}{\sigma_k^2}\right).$$

条件付き平均についての密度関数の分散は

$$\begin{aligned}
s^2(x) &= \mathbb{E}\left[\|t - \mathbb{E}[t\,|\,x]\|^2 \;\middle|\, x\right] \\
&= \sum_k \pi_k \int \left(\|t\|^2 - 2t^{\boldsymbol{T}}\mathbb{E}[t\,|\,x] + \|\mathbb{E}[t\,|\,x]\|^2\right)\mathcal{N}(t\,|\,\mu_k, \sigma_k^2 I)\,dt \\
&= \sum_k \pi_k\left(\sigma_k^2 + \|\mu_k\|^2 - 2\mu_k^{\boldsymbol{T}}\mathbb{E}[t\,|\,x] + \|\mathbb{E}[t\,|\,x]\|^2\right) \\
&= \sum_k \pi_k(x)\left(\sigma_k(x)^2 + \left\|\mu_k - \sum_j \pi_j(x)\mu_j(x)\right\|^2\right).
\end{aligned}$$

5.10 クラス分類のためのベイズニューラルネットワーク ロジスティックシグモイド出力を一つ持つネットワークによる2クラス分類問題を考える．そのモデルの対数尤度関数は $t_n \in \{0, 1\}$, $y_n = y(x_n, w)$ として

$$\log p(\mathcal{D} \mid w) = \sum_n (t_n \log y_n + (1 - t_n) \log(1 - y_n)).$$

事前分布を

$$p(w \mid \alpha) = \mathcal{N}(w \mid 0, \alpha^{-1} I) = \frac{1}{(2\pi/\alpha)^{W/2}} \exp\left(-\frac{1}{2} \alpha w^{\boldsymbol{T}} w\right)$$

とする（W は w に含まれるパラメータの総数）．ノイズがないので β を含まない．

$$E(w) = \log p(\mathcal{D} \mid w) + \frac{\alpha}{2} w^{\boldsymbol{T}} w$$

の最小化で w_{MAP} を求め，$A = -\nabla^2 \log p(w \mid \mathcal{D})\big|_{w = w_{\mathrm{MAP}}}$ を何らかの方法で求める．ラプラス近似を使って事後分布をガウス近似すると

$$q(w \mid \mathcal{D}) = \mathcal{N}(w \mid w_{\mathrm{MAP}}, A^{-1}).$$

正規化項を求める 4.17 節式 (4.2) を使って

$$\begin{aligned}
\log p(\mathcal{D} \mid \alpha) &\approx \log\left(p(\mathcal{D} \mid w_{\mathrm{MAP}})\, p(w_{\mathrm{MAP}} \mid \alpha) \sqrt{\frac{(2\pi)^W}{|A|}}\right) \\
&= \log p(\mathcal{D} \mid w_{\mathrm{MAP}}) - \frac{W}{2} \log(2\pi) + \frac{W}{2} \log \alpha - \frac{1}{2} \alpha w_{\mathrm{MAP}}^{\boldsymbol{T}} w_{\mathrm{MAP}} \\
&\quad + \frac{W}{2} \log(2\pi) - \frac{1}{2} \log |A| \\
&= -E(w_{\mathrm{MAP}}) - \frac{1}{2} \log |A| + \frac{W}{2} \log \alpha.
\end{aligned}$$

$$E(w_{\mathrm{MAP}}) = -\sum_n (t_n \log y_n + (1 - t_n) \log(1 - y_n)) + \frac{1}{2} \alpha w_{\mathrm{MAP}}^{\boldsymbol{T}} w_{\mathrm{MAP}}.$$

予測分布を考える．出力ユニットの活性化関数を線形近似する．

$$\begin{aligned}
a(x, w) &\approx a(x, w_{\mathrm{MAP}}) + \nabla a(x, w_{\mathrm{MAP}})^{\boldsymbol{T}} (w - w_{\mathrm{MAP}}) \\
&\qquad (a_{\mathrm{MAP}}(x) = a(x, w_{\mathrm{MAP}}),\ b = \nabla a(x, w_{\mathrm{MAP}}) \text{ として}) \\
&= a_{\mathrm{MAP}}(x) + b^{\boldsymbol{T}} (w - w_{\mathrm{MAP}}).
\end{aligned}$$

$$\begin{aligned}
p(a \mid x, \mathcal{D}) &= \int \delta(a - a(x, w))\, q(w \mid \mathcal{D})\, dw \\
&= \int \delta(a - a_{\mathrm{MAP}}(x) - w_{\mathrm{MAP}}^{\boldsymbol{T}} b + w^{\boldsymbol{T}} b)\, q(w \mid \mathcal{D})\, dw.
\end{aligned}$$

平均は

$$\begin{aligned}
\mathbb{E}[a] &= \int a\, p(a \mid x, \mathcal{D})\, da = \int \delta(a - a(x, w)) w(w) a\, da dw \\
&= \int a(x, w)\, q(w)\, dw = (a_{\mathrm{MAP}}(x) - w_{\mathrm{MAP}}^{\boldsymbol{T}} b) + \int b^{\boldsymbol{T}} w q(w)\, dw \\
&= a_{\mathrm{MAP}}(x) - w_{\mathrm{MAP}}^{\boldsymbol{T}} b + b^{\boldsymbol{T}} w_{\mathrm{MAP}} = a_{\mathrm{MAP}}(x).
\end{aligned}$$

分散は $w^{\boldsymbol{T}} b$ が効くので

$$\sigma_a^2(x) = b^{\boldsymbol{T}} A^{-1} b(x).$$

予測分布は 4.20 節式 (4.4) の近似式を使って

$$p(t = 1 \mid x, \mathcal{D}) = \int \sigma(a)\, p(a \mid x, \mathcal{D})\, da \approx \sigma(\kappa(\sigma_a^2) a_{\mathrm{MAP}}(x)).$$

第 9 章 「混合モデルと EM」の数式の補足

面倒なので特に紛らわしいと思わない限り $\boldsymbol{x}$ を x と書いたりします．また対数尤度関数を F と書くことが多いです．

9.1 復習 よく使ういくつかの式を書いておく．どれも今までに既に示したものである．2 章や 3 章を参照．

9.1.1 行列の公式

$$x^{\boldsymbol{T}}Ax = \mathrm{tr}\left(Axx^{\boldsymbol{T}}\right),$$
$$\frac{\partial}{\partial A}\log|A| = (A^{-1})^{\boldsymbol{T}},$$
$$\frac{\partial}{\partial x}\log|A| = \mathrm{tr}\left(A^{-1}\frac{\partial}{\partial x}A\right),$$
$$\frac{\partial}{\partial A}\mathrm{tr}(A^{-1}B) = -(A^{-1}BA^{-1})^{\boldsymbol{T}}.$$

9.1.2 微分 関数 f に対して対数関数の微分は

$$(\log f)' = \frac{f'}{f}.$$

よって逆に

$$f' = f\cdot(\log f)'.$$

ガウス分布など対数の微分が分かりやすいときによく使う．

9.1.3 ガウス分布

$$\mathcal{N} = \mathcal{N}(x\,|\,\mu,\Sigma) = \frac{1}{(2\pi)^{D/2}}|\Sigma|^{-1/2}\exp\left(-\frac{1}{2}(x-\mu)^{\boldsymbol{T}}\Sigma^{-1}(x-\mu)\right).$$

期待値と分散について

$$\mathbb{E}[x]=\mu,\quad \mathrm{var}[x]=\Sigma,\quad \mathbb{E}[xx^{\boldsymbol{T}}]=\mu\mu^{\boldsymbol{T}}+\Sigma,\quad \mathbb{E}[x^{\boldsymbol{T}}x]=\mu^{\boldsymbol{T}}\mu+\mathrm{tr}(\Sigma).$$

最後の式は 3 番目から出る．

$$\mathbb{E}[x_i^2] = (\mu\mu^{\boldsymbol{T}})_{ii}+\Sigma_{ii} = \mu_i^2+\Sigma_{ii}.$$

よって

$$\mathbb{E}[x^{\boldsymbol{T}}x] = \sum_i \mathbb{E}[x_i^2] = \mu^{\boldsymbol{T}}\mu+\mathrm{tr}(\Sigma).$$

9.2 混合ガウス分布 離散的な潜在変数を用いて混合ガウス分布の定式化を行う．K 次元 2 値確率変数 z を考える（どれか一つの成分のみが 1 であとは 0)．つまり

$$\sum_k z_k = 1.$$

z の種類は K 個である．どれか一つの成分のみが 1 であることを示すのに K 個の変数 $\{z_k\}$ で表現するのはまわりくどい印象を受けるが，z を複数扱う場合にはこの方が記号が簡単になる．

$0\le\pi_k\le 1$ という係数を用いて

$$p(z_k=1)=\pi_k$$

という確率分布を与える．

$$p(z)=\prod_k \pi_k^{z_k},\quad p(x\,|\,z_k=1)=\mathcal{N}(x\,|\,\mu_k,\Sigma_k)$$

なので

$$p(x\,|\,z) = \prod_k \mathcal{N}(x\,|\,\mu_k, \Sigma_k)^{z_k}.$$

これらを合わせて

$$\begin{aligned} p(x) &= \sum_z p(z)\,p(x\,|\,z) = \sum_z \prod_k \left(\pi_k\,\mathcal{N}(x\,|\,\mu_k, \Sigma_k)\right)^{z_k} \\ &\quad (z_k \text{ はどれか一つのみが 1 であとは 0 なので}) \\ &= \sum_k \pi_k\,\mathcal{N}(x\,|\,\mu_k, \Sigma_k). \end{aligned}$$

x が与えられたときの z の条件付き確率 $p(z_k = 1\,|\,x)$ を $\gamma(z_k)$ とする.

$$\gamma(z_k) = \frac{p(z_k = 1)\,p(x\,|\,z_k = 1)}{\sum_j p(z_j = 1)\,p(x\,|\,z_j = 1)} = \frac{\pi_k\,\mathcal{N}(x\,|\,\mu_k, \Sigma_k)}{\sum_j \pi_j\,\mathcal{N}(x\,|\,\mu_j, \Sigma_j)}.$$

これを混合要素 k の観測値 x に対する負担率という.

9.3 混合ガウス分布の EM アルゴリズム 混合ガウス分布において観測したデータ集合を $X^{\boldsymbol{T}} = (x_1, \ldots, x_N)$, 対応する潜在変数を $Z^{\boldsymbol{T}} = (z_1, \ldots, z_N)$ とする. X は $N \times D$ 行列で Z は $N \times K$ 行列.

対数尤度関数の最大点の条件をもとめる.

$$F = \log p(X\,|\,\boldsymbol{\pi}, \mu, \Sigma) = \sum_{n=1}^{N} \log\left(\sum_{j=1}^{K} \pi_j\,\mathcal{N}(x_n\,|\,\mu_j, \Sigma_j)\right)$$

とする.

$$\frac{\partial}{\partial\mu}\log\mathcal{N}(x\,|\,\mu, \Sigma) = \frac{\partial}{\partial\mu}\left(-\frac{1}{2}(x-\mu)^{\boldsymbol{T}}\Sigma^{-1}(x-\mu)\right) = \Sigma^{-1}(x-\mu)$$

より

$$\frac{\partial}{\partial\mu}\mathcal{N} = \mathcal{N}\cdot\left(\frac{\partial}{\partial\mu}\log\mathcal{N}\right) = \mathcal{N}\cdot\Sigma^{-1}(x-\mu).$$

もちろんガウス分布の微分は普通にそのまましてもよい. だが今回は対数をとってから微分をとった方が, 微分してでてくる $\mathcal{N}$ が $\gamma(z_{nk})$ の一部となることを見通しやすいのでそうしてみた.

さて $\mathcal{N}_{nk} = \mathcal{N}(x_n\,|\,\mu_k, \Sigma_k)$ とおいて

$$\begin{aligned} \frac{\partial}{\partial\mu_k}F &= \sum_n \frac{\pi_k \frac{\partial}{\partial\mu_k}\mathcal{N}_{nk}}{\sum_j \pi_j\,\mathcal{N}_{nj}} = \sum_n \left(\frac{\pi_k\,\mathcal{N}_{nk}}{\sum_j \pi_j\,\mathcal{N}_{nj}}\right)\frac{\partial}{\partial\mu_k}\log\mathcal{N}_{nk} \\ &= \sum_n \gamma(z_{nk})\frac{\partial}{\partial\mu_k}\log\mathcal{N}_{nk} = \Sigma_k^{-1}\left(\sum_n \gamma(z_{nk})(x_n - \mu_k)\right) = 0. \end{aligned}$$

よって

$$\sum_n \gamma(z_{nk})x_n - \left(\sum_n \gamma(z_{nk})\right)\mu_k = 0.$$

$$N_k = \sum_n \gamma(z_{nk})$$

とおくと

$$\mu_k = \frac{1}{N_k}\sum_n \gamma(z_{nk})x_n.$$

これは μ_k が X の重みつき平均であることを示している. 次に Σ_k に関する微分を考える.

$$\mathcal{N} = \mathcal{N}(x\,|\,\mu, \Sigma)$$

のとき

$$\log \mathcal{N} = -\frac{D}{2}\log(2\pi) - \frac{1}{2}\log|\Sigma| - \frac{1}{2}\operatorname{tr}\left(\Sigma^{-1}(x-\mu)(x-\mu)^{\boldsymbol{T}}\right)$$

なので $\Sigma^{\boldsymbol{T}} = \Sigma$ だから

$$\frac{\partial}{\partial\Sigma}(\log\mathcal{N}) = -\frac{1}{2}(\Sigma^{-1}) + \frac{1}{2}\left(\Sigma^{-1}(x-\mu)(x-\mu)^{\boldsymbol{T}}\Sigma^{-1}\right).$$

よって μ_k の微分と同様にして

$$\begin{aligned}\frac{\partial}{\partial\Sigma_k}F &= \sum_n \gamma(z_{nk})\frac{\partial}{\partial\Sigma_k}\log\mathcal{N}_{nk} \\ &= \sum_n \gamma(z_{nk})\left(-\frac{1}{2}(\Sigma_k^{-1}) + \frac{1}{2}\left(\Sigma_k^{-1}(x_n-\mu_k)(x_n-\mu_k)^{\boldsymbol{T}}\Sigma_k^{-1}\right)\right) = 0.\end{aligned}$$

よって

$$\sum_n \gamma(z_{nk})\left(I - (x_n-\mu_k)(x_n-\mu_k)^{\boldsymbol{T}}\Sigma_k^{-1}\right) = 0.$$

$$\Sigma_k = \frac{1}{N_k}\sum_n \gamma(z_{nk})(x_n-\mu_k)(x_n-\mu_k)^{\boldsymbol{T}}.$$

最後に π_k に関する微分を考える. $\sum_k \pi_k = 1$ の制約を入れる.

$$G = F + \lambda\left(\sum_k \pi_k - 1\right)$$

とすると

$$\frac{\partial}{\partial\pi_k}G = \sum_n \frac{\mathcal{N}_{nk}}{\sum_j \pi_j\mathcal{N}_{nj}} + \lambda = \sum_n \gamma(z_{nk})/\pi_k + \lambda = N_k/\pi_k + \lambda = 0.$$

つまり $N_k = -\lambda\pi_k$. よって

$$N = \sum_k N_k = \sum_k(-\lambda\pi_k) = -\lambda.$$

よって

$$\pi_k = \frac{N_k}{-\lambda} = \frac{N_k}{N}.$$

9.4 混合ガウス分布再訪

$$p(z) = \prod_k \pi_k^{z_k}, \quad p(x\,|\,z) = \prod_k \mathcal{N}(x\,|\,\mu_k, \Sigma_k)^{z_k}$$

より

$$\begin{aligned}F = \log p(X, Z\,|\,\mu, \Sigma, \boldsymbol{\pi}) &= \log\left(\prod_{n,k}\pi_k^{z_{nk}}\mathcal{N}(x_n\,|\,\mu_k, \Sigma_k)^{z_{nk}}\right) \\ &= \sum_{n,k} z_{nk}(\log\pi_k + \log\mathcal{N}_{nk}).\end{aligned}$$

z_n は $(0, 0, \ldots, 1, 0, \ldots, 0)$ の形でその成分が z_{nk}. また $\sum_k \pi_k = 1$ である. 上式の微分を考えると

$$G = F + \lambda\left(\sum_k \pi_k - 1\right)$$

として

$$\frac{\partial}{\partial \pi_k} G = \sum_n z_{nk} \frac{1}{\pi_k} + \lambda = \left(\sum_n z_{nk} \right) / \pi_k + \lambda = 0.$$

よって

$$\pi_k = -\frac{1}{\lambda} \sum_n z_{nk}.$$

$$\sum_k \pi_k = -\frac{1}{\lambda} \sum_{n,k} z_{nk} = -\frac{N}{\lambda} = 1.$$

よって $\lambda = -N$. つまり

$$\pi_k = \frac{1}{N} \sum_n z_{nk}.$$

完全データ集合についての対数尤度関数の最大化は解けるが，潜在変数が分からない場合の不完全データに関する対数尤度関数の最大化は困難である．この場合は潜在変数の事後分布に関する完全データ尤度関数の期待値を考える．

$$p(Z \mid X, \mu, \Sigma, \boldsymbol{\pi}) = \frac{p(X, Z \mid \mu, \Sigma, \boldsymbol{\pi})}{p(X \mid \mu, \Sigma, \boldsymbol{\pi})} \propto \prod_{n,k} (\pi_k \mathcal{N}_{nk})^{z_{nk}}.$$

$$\mathbb{E}[z_{nk}] = \frac{\sum_{z_n} z_{nk} \prod_j (\pi_j \mathcal{N}_{nj})^{z_{nj}}}{\sum_{z_n} \prod_j (\pi_j \mathcal{N}_{nj})^{z_{nj}}} = \frac{\pi_k \mathcal{N}_{nk}}{\sum_j \pi_j \mathcal{N}_{nj}} = \gamma(z_{nk}).$$

よって

$$F = \mathbb{E}_Z[\log p(X, Z \mid \mu, \Sigma, \boldsymbol{\pi})] = \sum_{n,k} \gamma(z_{nk})(\log \pi_k + \log \mathcal{N}_{nk}).$$

まずパラメータ μ, Σ, $\boldsymbol{\pi}$ を適当に決めて負担率 $\gamma(z_{nk})$ を求め，それを固定した範囲で μ_k, Σ_k, π_k を動かし F を最大化する．今までと同様にできる．$F' = F + \lambda \sum_k (\pi_k - 1)$ として

$$\frac{\partial}{\partial \pi_k} F' = \sum_n \gamma(z_{nk})(1/\pi_k) + \lambda = 0$$

より

$$\sum_n \gamma(z_{nk}) = \lambda \pi_k.$$

$$\sum_{n,k} \gamma(z_{nk}) = -\lambda \left(\sum_k \pi_k \right) = -\lambda = N$$

より

$$\pi_k = \frac{1}{N} \sum_n \gamma(z_{nk}) = \frac{N_k}{N}.$$

$$\begin{aligned} \frac{\partial}{\partial \mu_k} F &= \sum_n \gamma(z_{nk}) \left(-\Sigma_k^{-1} (x_n - \mu_k) \right) \\ &= \Sigma_k^{-1} \left(\sum_n \gamma(z_{nk}) x_n - \left(\sum_n \gamma(z_{nk}) \right) \mu_k \right) = 0. \end{aligned}$$

よって

$$\mu_k = \frac{1}{N_k} \sum_n \gamma(z_{nk}) x_n.$$

$$\frac{\partial}{\partial \Sigma_k}F = \sum_n \gamma(z_{nk})\frac{\partial}{\partial \Sigma_k}\log \mathcal{N}_{nk} = 0$$

として同様（流石に略).

9.5 K-means との関連 PRML 式 (9.43) は不正確. E ではなく ϵE を考えないと PRML 式 (9.43) の右辺にはならない. PRML 式 (9.40) を E とおく.

$$E = \sum_{n,k}\gamma(z_{nk})\left(\log \pi_k + \log \mathcal{N}(x_n \mid \mu_k, \Sigma_k)\right).$$

ϵE に

$$\mathcal{N}(x \mid \mu_k, \Sigma_k) = \frac{1}{(2\pi\epsilon)^{D/2}}\exp\left(-\frac{1}{2\epsilon}\|x-\mu_k\|^2\right)$$

を代入する.

$$\epsilon E = \sum_{n,k}\gamma(z_{nk})\left(\epsilon \log \pi_k - \frac{D}{2}\epsilon\log(2\pi\epsilon) - \frac{1}{2}\|x_n-\mu_k\|^2\right).$$

$\epsilon \to 0$ で

$$\gamma(z_{nk}) \to r_{nk}, \quad \epsilon\log\pi_k \to 0, \quad \epsilon\log(2\pi\epsilon) \to 0$$

より

$$\epsilon E \to -\frac{1}{2}\sum_{n,k} r_{nk}\|x_n-\mu_k\|^2 = -J.$$

よって期待完全データ対数尤度の最大化は J の最小化と同等.

9.6 混合ベルヌーイ分布 x を D 次元ベクトル $x := (x_1, \ldots, x_D)^{\boldsymbol{T}}$, $0 \le x_i \le 1$, μ も D 次元ベクトル $\mu := (\mu_1, \ldots, \mu_D)^{\boldsymbol{T}}$, $0 < \mu_i < 1$ とする. まず

$$p(x \mid \mu) := \prod_{i=1}^{D}\mu_i^{x_i}(1-\mu_i)^{(1-x_i)}$$

について考える. $\mathbb{E}[x] = \mu$ は容易に分かる.

$$\mathbb{E}[x_i x_j] = \begin{cases}\mu_i\mu_j & (i \ne j),\\ \mu_i & (i = j).\end{cases}$$

よって

$$\operatorname{var}[x]_{ij} = \mathbb{E}\left[(x-\mu)(x-\mu)^{\boldsymbol{T}}\right]_{ij} = \mathbb{E}[x_i x_j] - (\mu\mu^{\boldsymbol{T}})_{ij} = (\mu_i - \mu_i^2)\delta_{ij}$$

より

$$\operatorname{var}[x] = \operatorname{diag}(\mu_i(1-\mu_i)).$$

さて次に K 個の D 次元ベクトル μ_k の組 $\{\mu_1, \ldots, \mu_K\}$ を $\boldsymbol{\mu}$ として

$$p(x \mid \mu_k) := \prod_i \mu_{ki}^{x_i}(1-\mu_{ki})^{(1-x_i)}$$

の $\boldsymbol{\pi} := \{\pi_1, \ldots, \pi_K\}$ による混合分布

$$p(x \mid \boldsymbol{\mu}) := \sum_k \pi_k\, p(x \mid \mu_k)$$

を考えよう.

$$\mathbb{E}[x] = \int x\, p(x \mid \boldsymbol{\mu})\, dx = \sum_k \pi_k \int x\, p(x \mid \mu_k)\, dx = \sum_k \pi_k \mathbb{E}_k[x] = \sum_k \pi_k \mu_k,$$
$$\mathbb{E}_k[xx^{\boldsymbol{T}}] = \operatorname{var}_k[x] + \mu_k\mu_k^{\boldsymbol{T}} = \Sigma_k + \mu_k\mu_k^{\boldsymbol{T}}$$

より

$$\begin{aligned}\mathrm{var}[x] &= \mathbb{E}\left[(x-\mathbb{E}[x])(x-\mathbb{E}[x])^{\boldsymbol{T}}\right] = \mathbb{E}\left[xx^{\boldsymbol{T}}\right] - \mathbb{E}[x]\mathbb{E}[x]^{\boldsymbol{T}} \\ &= \sum_k \pi_k \left(\Sigma_k + \mu_k\mu_k^{\boldsymbol{T}}\right) - \mathbb{E}[x]\mathbb{E}[x]^{\boldsymbol{T}}.\end{aligned}$$

データ集合 $X = \{x_1, \ldots, x_N\}$ が与えられたとき, 対数尤度関数は

$$\log p(X \mid \boldsymbol{\mu}, \boldsymbol{\pi}) = \sum_n \log\left(\sum_k \pi_k\, p(x_n \mid \mu_k)\right).$$

対数の中に和があるので解析的に最尤解をもとめられないため EM アルゴリズムを使う. x に対応する潜在変数を $z = (z_1, \ldots, z_K)^{\boldsymbol{T}}$ を導入する. どれか一つのみ 1 でその他は 0 のベクトルである. z の事前分布を

$$p(z \mid \pi) = \prod_k \pi_k^{z_k}$$

とする. z が与えられたときの条件付き確率は

$$p(x \mid z, \boldsymbol{\mu}) = \prod_k p(x \mid \mu_k)^{z_k}.$$

$$p(x, z \mid \boldsymbol{\mu}, \boldsymbol{\pi}) = p(x \mid z, \boldsymbol{\mu})\, p(z \mid \boldsymbol{\pi}) = \prod_k (\pi_k\, p(x \mid \mu_k))^{z_k}.$$

よって

$$p(x \mid \boldsymbol{\mu}, \boldsymbol{\pi}) = \sum_z p(x, z \mid \boldsymbol{\mu}, \boldsymbol{\pi}) = \sum_k \pi_k\, p(x \mid \mu_k).$$

完全データ対数尤度関数は, $X = (x_1, \ldots, x_N)^{\boldsymbol{T}}$, $Z = (z_1, \ldots, z_N)^{\boldsymbol{T}}$ として

$$\begin{aligned}\log p(X, Z \mid \boldsymbol{\mu}, \boldsymbol{\pi}) &= \sum_{n,k} z_{nk} \underbrace{\left(\log \pi_k + \sum_i x_{ni} \log \mu_{ki} + (1 - x_{ni}) \log(1 - \mu_{ki})\right)}_{=:A_{nk}} \\ &= \sum_{n,k} z_{nk} A_{nk}.\end{aligned}$$

$$\begin{aligned}\mathbb{E}[z_{nk}] &= \frac{\sum_{z_n} z_{nk} \prod_j (\pi_j\, p(x_n \mid \mu_j))^{z_{nj}}}{\sum_{z_n} \prod_j (\pi_j\, p(x_n \mid \mu_j))^{z_{nj}}} \\ &\quad (z_{nk} = 1 \text{ となるものだけとるので}) \\ &= \frac{\pi_k\, p(x_n \mid \mu_k)}{\sum_j \pi_j\, p(x_n \mid \mu_j)}\end{aligned}$$

を $\gamma(z_{nk})$ とおく. すると

$$\mathbb{E}_Z[\log p(X, Z \mid \boldsymbol{\mu}, \boldsymbol{\pi})] = \sum_{n,k} \gamma(z_{nk}) A_{nk}.$$

$$N_k = \sum_n \gamma(z_{nk}), \quad \bar{x}_k = \frac{1}{N_k} \sum_n \gamma(z_{nk}) x_n$$

とおく.

$$\begin{aligned}F &:= \mathbb{E}_Z[\log p(X, Z \mid \boldsymbol{\mu}, \boldsymbol{\pi})] \\ &= \sum_k (\log \pi_k) \left(\sum_n \gamma(z_{nk})\right) + \sum_{k,i} \log \mu_{ki} \left(\sum_n \gamma(z_{nk}) x_{ni}\right)\end{aligned}$$

$$+\sum_{k,i}\log(1-\mu_{ki})\left(\sum_n \gamma(z_{nk})(1-x_{ni})\right)$$
$$=\sum_k N_k\log\pi_k+\sum_{k,i}N_k\bar{x}_{ki}\log\mu_{ki}+\sum_{k,i}\log(1-\mu_{ki})N_k(1-\bar{x}_{ki}).$$

μ_{ki} に関する最大化.

$$\frac{\partial}{\partial\mu_{ki}}F=N_k\bar{x}_{ki}\frac{1}{\mu_{ki}}+\frac{-1}{1-\mu_{ki}}N_k(1-\bar{x}_{ki})$$
$$=\frac{N_k}{\mu_{ki}(1-\mu_{ki})}(\bar{x}_{ki}(1-\mu_{ki})-(1-\bar{x}_{ki})\mu_{ki})=0.$$

よって

$$\bar{x}_{ki}-\bar{x}_{ki}\mu_{ki}-\mu_{ki}+\bar{x}_{ki}\mu_{ki}=\bar{x}_{ki}-\mu_{ki}=0.$$

よって

$$\mu_k=\bar{x}_k.$$

π_k に関する最適化. $G=F+\lambda(\sum_k\pi_k-1)$ とすると

$$\frac{\partial}{\partial\pi_k}G=\frac{N_k}{\pi_k}+\lambda=0.$$

よって

$$N_k=-\lambda\pi_k,\quad N=\sum_k N_k=-\lambda\sum_k\pi_k=-\lambda.$$

つまり $\lambda=-N$ となり

$$\pi_k=\frac{N_k}{N}.$$

$0\le p(x_n\,|\,\mu_k)\le 1$ より

$$\log p(X\,|\,\boldsymbol{\mu},\boldsymbol{\pi})=\sum_n\log\left(\sum_k\pi_k\,p(x_n\,|\,\mu_k)\right)\le\sum\log\left(\sum_k\pi_k\right)=0.$$

よって尤度関数が発散することはない.

9.7 ベイズ線形回帰に関する EM アルゴリズム EM アルゴリズムに基づいてベイズ線形回帰を考えてみる. w を潜在関数と見なしてそれを最大化する方針を採る.

$$p(w\,|\,t)=\mathcal{N}(w\,|\,m_N,S_N)$$

で w の事後分布が求まっているとする.

$$p(t\,|\,w,\beta)=\prod_n\mathcal{N}(t_n\,|\,w^{\boldsymbol{T}}\phi(x_n),\beta^{-1}),\quad p(w\,|\,\alpha)=\mathcal{N}(w\,|\,0,\alpha^{-1}I)$$

であった. このとき完全データ対数尤度関数は

$$\log p(t,w\,|\,\alpha,\beta)=\log p(t\,|\,w,\beta)+\log p(w\,|\,\alpha).$$

なので

$$F=\mathbb{E}[\log p(t,w\,|\,\alpha,\beta)]$$
$$=\mathbb{E}\left[\sum_n\left(\frac{1}{2}\log\left(\frac{\beta}{2\pi}\right)-\frac{\beta}{2}(t_n-w^{\boldsymbol{T}}\phi_n)^2\right)+\frac{M}{2}\log\left(\frac{\alpha}{2\pi}\right)-\frac{\alpha}{2}w^{\boldsymbol{T}}w\right]$$
$$=\frac{M}{2}\log\left(\frac{\alpha}{2\pi}\right)-\frac{\alpha}{2}\mathbb{E}\left[w^{\boldsymbol{T}}w\right]+\frac{N}{2}\log\left(\frac{\beta}{2\pi}\right)-\frac{\beta}{2}\sum_n\mathbb{E}\left[(t_n-w^{\boldsymbol{T}}\phi_n)^2\right].$$

α に関する最大化

$$\frac{\partial}{\partial\alpha}F=\frac{M}{2}\frac{1}{\alpha}-\frac{1}{2}\mathbb{E}[w^{\boldsymbol{T}}w]=0.$$

よって

$$\alpha = \frac{M}{\mathbb{E}[w^{\boldsymbol{T}} w]} = \frac{M}{m_N^{\boldsymbol{T}} m_N + \mathrm{tr}(S_N)}.$$

β に関する最大化

$$\frac{\partial}{\partial \beta} F = \frac{N}{2}\frac{1}{\beta} - \frac{1}{2}\sum_n \mathbb{E}\left[(t_n - w^{\boldsymbol{T}}\phi_n)^2\right] = 0.$$

よって

$$\frac{1}{\beta} = \frac{1}{N}\sum_n \mathbb{E}\left[(t_n - w^{\boldsymbol{T}}\phi_n)^2\right].$$

9.8　一般の EM アルゴリズム　潜在変数をもつ確率モデルの最尤解を求めるための一般的手法. X を確率変数, Z を潜在変数, θ をパラメータとする. 目的は, 完全データ対数尤度関数 $\log p(X, Z \mid \theta)$ の最適化が容易であるという仮定の下で $p(X \mid \theta) = \sum_Z p(X, Z \mid \theta)$ を最大化することである.

Z に対する分布を $q(Z)$ とする

$$p(X, Z \mid \theta) = p(Z \mid X, \theta)\, p(X \mid \theta).$$

$$\mathcal{L}(q, \theta) = \sum_Z q(Z) \log \frac{p(X, Z \mid \theta)}{q(Z)}, \quad \mathrm{KL}(q \,\|\, p) = -\sum_Z q(Z) \log \frac{p(Z \mid X, \theta)}{q(Z)}$$

とおく. $\mathrm{KL}(q \,\|\, p)$ は $q(Z)$ と事後分布 $p(Z \mid X, \theta)$ との距離なので常に 0 以上（3 章のカルバック距離を参照).

$$\mathcal{L}(q, \theta) + \mathrm{KL}(q \,\|\, p) = \sum_Z q(Z) \log \frac{p(X, Z \mid \theta)}{p(Z \mid X, \theta)} = \sum_Z q(Z) \log p(X \mid \theta) = \log p(X \mid \theta).$$

よって

$$\log p(X \mid \theta) = \mathcal{L}(q, \theta) + \mathrm{KL}(q \,\|\, p) \geq \mathcal{L}(q, \theta).$$

したがって $\mathcal{L}(q, \theta)$ は $\log p(X \mid \theta)$ の下界. パラメータの現在の値が θ^o だったときに

E ステップでは θ^o を固定して $\mathcal{L}(q, \theta)$ を $q(Z)$ について最大化する. $\log p(X \mid \theta)$ は q によらないのでそれは $\mathrm{KL} = 0$ のとき, つまり

$$q(Z) = p(Z \mid X, \theta^o)$$

のときである.

M ステップでは $q(Z)$ を固定して $\mathcal{L}(q, \theta)$ を θ について最大化する. その θ を θ^n とする. 最大値になっていなければ, 必ず $\mathcal{L}$ が増加し, $\log p(X \mid \theta)$ も増える. このときの $\mathrm{KL}(q \,\|\, p)$ は θ^o を使って計算されていた（そして値は 0）ので新しい θ^n を使って計算し直すと通常正となる.

$q(Z) = p(Z \mid X, \theta^o)$ より

$$\begin{aligned} q(Z) &= \sum_Z q(Z) \log \frac{p(X, Z \mid \theta)}{q(Z)} \\ &= \sum_Z p(Z \mid X, \theta^o) \log p(X, Z \mid \theta) - \sum_Z p(Z \mid X, \theta^o) \log p(Z \mid X, \theta^o) \\ &\quad \left(\mathcal{Q}(\theta, \theta^o) = \sum_Z p(Z \mid X, \theta^o) \log p(X, Z \mid \theta) \text{ とおいて}\right) \\ &= \mathcal{Q}(\theta, \theta^o) + \theta\text{に非依存}. \end{aligned}$$

つまり $\mathcal{L}(q, \theta)$ の最大化は $\mathcal{Q}(\theta, \theta^o)$ の最大化に等しい.

9.9 混合ガウス分布のオンライン版 EM アルゴリズム 各 EM のステップで一つのデータ点のみの更新を行うことを考える．これは m 番目のデータ以外を潜在変数とする EM アルゴリズムとみなすことができる．

E ステップでは分布 $p(Z \mid X, \theta^o)$ を求める必要があるが，M ステップで必要な μ_k, Σ_k, π_k の更新式の右辺を見ると必要なデータは $\gamma(z_{nk})$ のみであることが分かる．つまりそれらの差分さえ分かればアルゴリズムを書き下すことができる．

$$N_k = \sum_n \gamma(z_{nk})$$

を m 番目の値だけ更新する．新しい値を N'_k とすると

$$N'_k = \sum_{n \neq m} \gamma(z_{nk}) + \gamma'(z_{mk}) = N_k + \gamma'(z_{mk}) - \gamma(z_{mk}).$$

$d := \gamma'(z_{mk}) - \gamma(z_{mk})$ とおくと $N'_k = N_k + d$. $\pi_k = N_k/N$ なので

$$\pi'_k = \frac{N'_k}{N} = \frac{N_k + d}{N_k} = \pi_k + \frac{d}{N}.$$

$\mu_k = (1/N_k) \sum_n \gamma(z_{nk}) x_n$ より

$$\mu'_k = \frac{1}{N'_k} \left(\sum_{n \neq m} \gamma(z_{nk}) x_n + \gamma'(z_{mk}) x_m \right).$$

よって

$N'_k \mu'_k = N_k \mu_k - \gamma(z_{mk}) x_m + \gamma'(z_{mk}) x_m = (N'_k - d)\mu_k + d x_m = N'_k \mu_k + d(x_m - \mu_k)$.

よって

$$\mu'_k = \mu_k + \frac{d}{N'_k}(x_m - \mu_k).$$

$S := \Sigma_k = (1/N_k) \sum_n \gamma(z_{nk})(x_n - \mu_k)(x_n - \mu_k)^{\boldsymbol{T}}$ より $S' := \Sigma'_k$ とすると

$$N'_k S' = \sum_{n \neq m} \gamma(z_{nk})(x_n - \mu'_k)(x_n - \mu'_k)^{\boldsymbol{T}} + \gamma'(z_{mk})(x_m - \mu'_k)(x_m - \mu'_k)^{\boldsymbol{T}}.$$

以下式変形をひたすら行う．

$$x_m - \mu'_k = x_m - \mu_k - \frac{d}{N'_k}(x_m - \mu_k) = \left(1 - \frac{d}{N'_k}\right)(x_m - \mu_k) = \frac{N_k}{N'_k}(x_m - \mu_k).$$

$$x_n - \mu'_k = (x_n - \mu_k) - \frac{d}{N'_k}(x_m - \mu_k).$$

$A := (x_m - \mu_k)(x_m - \mu_k)^{\boldsymbol{T}}$ とおくと

$$(x_n - \mu'_k)(x_n - \mu'_k)^{\boldsymbol{T}} = (x_n - \mu_k)(x_n - \mu_k)^{\boldsymbol{T}} - 2\frac{d}{N'_k}(x_n - \mu_k)(x_m - \mu_k)^{\boldsymbol{T}} + \frac{d^2}{N'^2_k} A,$$

$$\begin{aligned}\sum_{n \neq m} \gamma(z_{nk})(x_n - \mu_k)(x_n - \mu_k)^{\boldsymbol{T}} &= N_k S - \gamma(z_{mk})(x_m - \mu_k)(x_m - \mu_k)^{\boldsymbol{T}} \\ &= N_k S - \gamma(z_{mk}) A,\end{aligned}$$

$$\begin{aligned}\sum_{n \neq m} \gamma(z_{nk})(x_n - \mu_k) &= \sum_{n \neq m} \gamma(z_{nk}) x_n - \sum_{n \neq m} \gamma(z_{nk}) \mu_k \\ &= N_k \mu_k - \gamma(z_{mk}) x_m - (N_k - \gamma(z_{mk}))\mu_k \\ &= -\gamma(z_{mk})(x_m - \mu_k).\end{aligned}$$

よって $\gamma := \gamma(z_{mk})$ とおくと

$$N'_k S' = N_k S - \gamma A + 2\frac{d}{N'_k}\gamma A + (N_k - \gamma)\frac{d^2}{N'^2_k} A + (\gamma + d) A \frac{N_k^2}{N'^2_k}$$

$$= N_k S + \frac{A}{N_k'^2}\left(-\gamma(N_k+d)^2 + 2d\gamma(N_k+d) + (N_k-\gamma)d^2 + (\gamma+d)N_k^2\right)$$

$$= N_k S + \frac{A}{N_k'^2}\left(-\gamma N_k^2 - 2d\gamma N_k - \gamma d^2 + 2d\gamma N_k + 2d^2\gamma + N_k d^2 - \gamma d^2 + \gamma N_k^2 + dN_k^2\right)$$

$$= N_k S + \frac{A}{N_k'^2} N_k d(N_k+d) = N_k S + \frac{AN_k d}{N_k'}.$$

よって

$$S' = \frac{N_k}{N_k'}\left(S + \frac{d}{N_k'}(x_m-\mu_k)(x_m-\mu_k)^{\boldsymbol{T}}\right).$$

第 10 章 「近似推論法」の数式の補足

10.1 この章でよく使われる公式

9 章と同じようによく使う公式を列挙しておく.

10.1.1 ガンマ関数

$$\varGamma(x) = \int_0^\infty t^{x-1}e^{-t}\,dt, \quad \varGamma(x+1) = x\varGamma(x).$$

ディガンマ関数

$$\phi(x) = \frac{\partial}{\partial x}\log\varGamma(x).$$

10.1.2 ディリクレ分布

$0 \le \mu_k \le 1$, $\sum_k \mu_k = 1$, $\hat{\alpha} = \sum_k \alpha_k$ として

$$\mathrm{Dir}(\mu\,|\,\alpha) = C(\alpha)\prod_{k=1}^K \mu_k^{\alpha_k-1}, \quad C(\alpha) = \frac{\varGamma(\hat{\alpha})}{\prod_k \varGamma(\alpha_k)}, \quad \mathbb{E}[\mu_k] = \frac{\alpha_k}{\hat{\alpha}}.$$

10.1.3 ガンマ分布

$$\mathrm{Gam}(\tau\,|\,a,b) = \frac{1}{\varGamma(a)}b^a\tau^{a-1}e^{-b\tau}, \quad \mathbb{E}[\tau] = \frac{a}{b}, \quad \mathrm{var}[\tau] = \frac{a}{b^2}, \quad \mathbb{E}[\log\tau] = \phi(a) - \log b.$$

10.1.4 正規分布（ガウス分布）

$$\mathcal{N} = \mathcal{N}(x\,|\,\mu,\Sigma) = \frac{1}{(2\pi)^{D/2}}|\Sigma|^{-1/2}\exp\left(-\frac{1}{2}(x-\mu)^{\boldsymbol{T}}\Sigma^{-1}(x-\mu)\right),$$

$$\mathbb{E}[x] = \mu, \quad \mathrm{var}[x] = \Sigma, \quad \mathbb{E}\left[xx^{\boldsymbol{T}}\right] = \mu\mu^{\boldsymbol{T}} + \Sigma, \quad \mathbb{E}\left[x^{\boldsymbol{T}}x\right] = \mu^{\boldsymbol{T}}\mu + \mathrm{tr}(\Sigma).$$

$p(x) = \mathcal{N}(x\,|\,\mu,\Lambda^{-1})$, $p(y\,|\,x) = \mathcal{N}(y\,|\,Ax+b, L^{-1})$ のとき

$$p(y) = \mathcal{N}(y\,|\,A\mu+b, L^{-1} + A\Lambda^{-1}A^{\boldsymbol{T}}).$$

10.1.5 スチューデントの t 分布

$$\mathrm{St}(x\,|\,\mu,\Lambda,\nu) = \frac{\varGamma\left(\frac{\nu+D}{2}\right)}{\varGamma\left(\frac{\nu}{2}\right)}\frac{|\Lambda|^{1/2}}{(\pi\nu)^{1/2}}\left(1+\frac{\triangle^2}{\nu}\right)^{-\frac{\nu+1}{2}},$$

$$\triangle^2 = (x-\mu)^{\boldsymbol{T}}\Lambda(x-\mu), \quad \mathbb{E}[x] = \mu.$$

10.1.6　ウィシャート分布

$$\mathcal{W}(\Lambda, W, \nu) = B(W, \nu)|\Lambda|^{\frac{\nu-D-1}{2}} \exp\left(-\frac{1}{2}\operatorname{tr}(W^{-1}\Lambda)\right).$$

$$B(W, \nu) = |W|^{\nu/2}\left(2^{\nu D/2}\pi^{D(D-1)/4}\prod_{i=1}^{D}\Gamma\left(\frac{\nu+1-i}{2}\right)\right)^{-1}.$$

$$\mathbb{E}[\Lambda] = \nu W.$$

$$\mathbb{E}[\log|\Lambda|] = \sum_{i=1}^{D}\phi\left(\frac{\nu+1-i}{2}\right) + D\log 2 + \log|W|.$$

$$H[\Lambda] = -\log B(W, \nu) - \frac{\nu-D-1}{2}\mathbb{E}[\log|\Lambda|] + \frac{\nu D}{2}.$$

10.1.7　行列の公式

$$x^{\boldsymbol{T}}Ax = \operatorname{tr}(Axx^{\boldsymbol{T}}).$$

$$\frac{\partial}{\partial A}\log|A| = (A^{-1})^{\boldsymbol{T}}.$$

$$\frac{\partial}{\partial x}\log|A| = \operatorname{tr}\left(A^{-1}\frac{\partial}{\partial x}A\right).$$

$$\frac{\partial}{\partial A}\operatorname{tr}(A^{-1}B) = -(A^{-1}BA^{-1})^{\boldsymbol{T}}.$$

$$|I + ab^{\boldsymbol{T}}| = 1 + a^{\boldsymbol{T}}b.$$

10.1.8　カルバック距離

$$\mathrm{KL}(q\,\|\,p) = -\int q(Z)\log\frac{p(Z\,|\,X)}{q(Z)}\,dZ \geq 0.$$

10.2　下限と下界　下界（lower bound）と下限（inf, greatest lower bound）は意味が違う．できるだけ使い分けた方がよいだろう．一般には順序集合に対して定義するがここでは実数の話に制限する．A が $\mathbb{R}$ の部分集合とする．ある x に対して x が A の下界であるとは，全ての $a \in A$ に対して $x \leq a$ であることをいう．つまり x は A の中の一番小さい値よりも同じかより小さいときのことをいう．

たとえば $A = \{x\,|\,x \geq 0\}$ のとき，-3 は A の下界である．-5 も A の下界である．普通下界となる値はたくさんあるので主語と述語を入れ換えた「A の下界は -3 である」という言い方はあまりしないと思う．これは「$x^2 = 1$ の解は 1 である」とは言わないのと同じ感覚である（-1 はどうしたの?と聞かれるだろう）．

たくさんある下界の中で一番大きい値を下限という．下限は存在すればただ一つである．上記 A の下限は 0．一つしかないので「A の下限は 0 である」ともいうし，「0 は A の下限である」ともいう．

たとえば PRML 上巻（4 刷）p.49 の一番下では「確率変数の状態を送るために必要なビット数の下限がエントロピーである」とありこれは正しい．あるいは「エントロピーは確率変数の状態を送るために必要なビット数の下限である」でもよい．しかし，これを「エントロピーは確率変数の状態を送るために必要なビット数の下界である」としてしまうと

(2011/7/27 時点での日本語サポートの正誤表)，間違ってはいないがエントロピーがぎりぎりの値であるという主張を含んでいない*1.

10.3 分解による近似の持つ性質 ここで Λ_{ij} はスカラーで $\Lambda_{12} = \Lambda_{21}$. $\mathbb{E}[z_1] = m_1$, $\mathbb{E}[z_2] = m_2$ より

$$\begin{aligned} m_1 &= \mu_1 - \Lambda_{11}^{-1}\Lambda_{12}(m_2 - \mu_2) = \mu_1 - \Lambda_{11}^{-1}\Lambda_{12}(\mu_2 - \Lambda_{22}^{-1}\Lambda_{21}(m_1 - \mu_1) - \mu_2) \\ &= \mu_1 + \Lambda_{11}^{-1}\Lambda_{22}^{-1}\Lambda_{12}^2(m_1 - \mu_1). \end{aligned}$$

よって

$$(m_1 - \mu_1)(\Lambda_{11}^{-1}\Lambda_{22}^{-1}\Lambda_{12}^2 - 1) = 0.$$

分布が非特異なら $|\Lambda| = \Lambda_{11}\Lambda_{22} - \Lambda_{12}^2 \neq 0$ より $m_1 = \mu_1$. 同様に $m_2 = \mu_2$.

変数 $Z = \{z_1, \ldots, z_N\}$ に対する分布 $q(Z)$ が

$$q(Z) = \prod_{i=1}^{M} q_i(Z_i)$$

と複数のグループの関数の積となっていると仮定する. ここで $\{Z_i\}$ は Z の disjoint-union である. (PRML p.182) $\mathrm{KL}(p \,\|\, q)$ を Z_j について最小化する問題を考える (以下, 対象変数以外の項をまとめて C と略記する).

$$\begin{aligned} \mathrm{KL}(p \,\|\, q) &= -\int p(Z)\left(\sum_i \log q_i(Z_i)\right) dZ + C \\ &= -\int \left(p(Z)\log q_j(Z_j) + p(Z)\sum_{i \neq j} \log q_i(Z_i)\right) dZ + C \\ &= -\int p(Z)\log q_j(Z_j)\, dZ + C = -\int \log q_j(Z_j) \underbrace{\left(\int p(Z) \prod_{i \neq j} dZ_i\right)}_{=:F_j(Z_j)} dZ_j \\ &= -\int F_j(Z_j)\log q_j(Z_j)\, dZ_j. \end{aligned}$$

$\int q_j(Z_j)\, dZ_j = 1$ の条件の下で

$$X = -\int F_j(Z_j)\log q_j(Z_j)\, dZ_j + \lambda\left(\int q_j(Z_j)\, dZ_j - 1\right)$$

を最小化する.

$$\begin{aligned} \frac{\partial}{\partial q_j} X &= -\int F_j(Z_j)\log(q_j + \delta q_j)\, dZ_j + \lambda\left(\int (q_j + \delta q_j)\, dZ_j - 1\right) \\ &= \left(-\int F_j(Z_j)\log q_j\, dZ_j + \lambda\left(\int q_j\, dZ_j - 1\right)\right) - \left(\int F_j(Z_j)/q_j\, dZ_j - \lambda\right)\delta q_j \\ &= 0. \end{aligned}$$

$F_j/q_j - \lambda = 0$. よって $F_j = \lambda q_j$. 積分して

$$\int F_j\, dZ_j = \int \lambda q_j\, dZ_j = \lambda = 1.$$

よって

$$q_j^*(Z_j) = q_j = F_j = \int p(Z) \prod_{i \neq j} dZ_i.$$

*1 正確にはここでビットは整数値に限らず小数値を取り得るもの（シャノンという単位）とする.

10.4 α ダイバージェンス α を実数として

$$D_\alpha(p\,\|\,q) = \frac{4}{1-\alpha^2}\left(1 - \int p(x)^{(1+\alpha)/2} q(x)^{(1-\alpha)/2}\,dx\right)$$

を α ダイバージェンスという．$\alpha \to 1$ のとき $\mathrm{KL}(p\,\|\,q)$, $\alpha \to -1$ のとき $\mathrm{KL}(q\,\|\,p)$ になる．

（証明）$\alpha = 1 - 2\epsilon$ と置く．$\alpha \to 1$ で $\epsilon \to 0$ となる．

$$(q/p)^\epsilon = \exp\left(\epsilon \log(q/p)\right) \approx 1 + \epsilon \log(q/p)$$

より

$$\begin{aligned}
D_\alpha(p\,\|\,q) &= \frac{1}{\epsilon(1-\epsilon)}\left(1 - \int p(q/p)^\epsilon\,dx\right) \simeq \frac{1}{\epsilon}\left(1 - \int p\left(1 + \epsilon \log\frac{q}{p}\right)dx\right) \\
&= \frac{1}{\epsilon}\left(-\epsilon \int p \log\frac{q}{p}\,dx\right) = \mathrm{KL}(p\,\|\,q).
\end{aligned}$$

$\alpha \to -1$ も同様.

10.5 例：一変数ガウス分布 ガウス分布から独立に発生した観測値 x のデータセットを $\mathcal{D} = \{x_1, \ldots, x_N\}$ とする．もとのガウス分布の平均 μ と精度 τ の事後分布をもとめる．

$$p(D\,|\,\mu,\tau) = \left(\frac{\tau}{2\pi}\right)^{N/2} \exp\left(-\frac{\tau}{2}\sum_n (x_n - \mu)^2\right),$$

$$p(\mu\,|\,\tau) = \mathcal{N}(\mu\,|\,\mu_0, (\lambda_0\tau)^{-1}), \quad p(\tau) = \mathrm{Gam}(\tau\,|\,a_0, b_0).$$

この問題は厳密にもとめられるが，ここでは事後分布が $q(\mu,\tau) = q_\mu(\mu)\,q_\tau(\tau)$ のように分解できると仮定したときの変分近似を考える．

まず μ について

$$\begin{aligned}
\log q_\mu^*(\mu) &= \mathbb{E}_\tau[\log p(D,\mu,\tau)] \\
&= \mathbb{E}_\tau[\log p(D\,|\,\mu,\tau) + \log p(\mu\,|\,\tau)] + (\mu \text{ に依存しない部分 } C) \\
&= \frac{\mathbb{E}[\tau]}{2}\left(\sum_n (x_n-\mu)^2\right) + \mathbb{E}_\tau\left[-\frac{\lambda_0\tau}{2}(\mu-\mu_0)^2\right] + C \\
&= -\left(\mathbb{E}[\tau]/2\right)\left(\lambda_0(\mu-\mu_0)^2 + \sum_n (x_n-\mu)^2\right) + C.
\end{aligned}$$

$\sum_n x_n = N\bar{x}$ に注意しながら，μ について平方完成すると

$$\begin{aligned}
&-(\mathbb{E}[\tau]/2)\left((\lambda_0+N)\mu^2 - 2\mu\left(\lambda_0\mu_0 + \sum_n x_n\right) + \lambda_0\mu_0^2 + \sum_n x_n^2\right) + C \\
&= -\frac{\mathbb{E}[\tau](\lambda_0+N)}{2}\left(\mu - \frac{\lambda_0\mu_0 + N\bar{x}}{\lambda_0+N}\right)^2 + \cdots.
\end{aligned}$$

よってこの分布はガウス分布であることが分かり，

$$\mu_N = \frac{\lambda_0\mu_0 + N\bar{x}}{\lambda_0+N}, \quad \lambda_N = (\lambda_0+N)\mathbb{E}[\tau]$$

と置くと $\mathcal{N}(\mu\,|\,\mu_N, \lambda_N^{-1})$ となることが分かる．$N \to \infty$ のとき $\mu_N \to \bar{x}$ で分散は 0（精度は ∞）．τ について

$$\begin{aligned}
\log q_\tau^*(\tau) &= \mathbb{E}_\mu\left[\log p(D,\tau\,|\,\mu)\right] = \mathbb{E}_\mu\left[\log p(D\,|\,\mu,\tau) + \log p(\mu\,|\,\tau)\right] + \log p(\tau) \\
&= \mathbb{E}_\mu\left[(N/2)\log\tau - (\tau/2)\sum_n (x_n-\mu)^2\right] \\
&\quad + \mathbb{E}_\mu\left[(1/2)\log(\lambda_0\tau) - (\lambda_0\pi/2)(\mu-\mu_0)^2\right] \\
&\quad + \mathbb{E}_\mu\left[(a_0-1)\log\tau - b_0\tau - \log\Gamma(a_0) + a_0\log b_0\right] + C
\end{aligned}$$

$$= (a_0-1)\log\tau - b_0\tau + (N+1)/2\log\tau$$
$$-(\tau/2)\mathbb{E}_\mu\left[\sum_n (x_n-\mu)^2 + \lambda_0(\mu-\mu_0)^2\right] + C.$$

よって $q_\tau(\tau)$ はガンマ分布となり

$$a_N = a_0 + \frac{N+1}{2},\quad b_N = b_0 + \frac{1}{2}\mathbb{E}_\mu\left[\sum_n (x_n-\mu)^2 + \lambda_0(\mu-\mu_0)^2\right]$$

と置くと $q_\tau(\tau) = \mathrm{Gam}(\tau\,|\,a_N, b_N)$. $q_\mu(\mu)$, $q_\tau(\tau)$ の関数の形に何も仮定を置いていないのに，尤度関数と共役事前分布の構造から決まったことに注意. $N\to\infty$ で

$$\mathbb{E}[\mathrm{Gam}(\tau\,|\,a_N, b_N)] = \frac{a_N}{b_N} \to 1 \Big/ \mathbb{E}_\mu\left[\frac{1}{N}\sum_n (x_n-\mu)^2\right] \to 1/\text{分散},$$
$$\sigma[\mathrm{Gam}] = a_N/b_N^2 \to 0.$$

$\mu_0 = a_0 = b_0 = \lambda_0 = 0$ という無情報事前分布を入れてみると，

$$a_N = \frac{N+1}{2},\quad b_N = \frac{1}{2}\mathbb{E}_\mu\left[\sum_n (x_n-\mu)^2\right].$$

よって

$$\mathbb{E}[\tau]^{-1} = \frac{b_N}{a_N} = \mathbb{E}\left[\frac{1}{N+1}\sum_n (x_n-\mu)^2\right] = \frac{N}{N+1}\left(\overline{x^2} - 2\bar{x}\,\mathbb{E}[\mu] + \mathbb{E}[\mu^2]\right),$$
$$\mu_N = \frac{0+N\bar{x}}{0+N} = \bar{x},\quad \lambda_N = N\mathbb{E}[\tau].$$

よって

$$\mathbb{E}[\mu] = \bar{x},\quad \mathbb{E}[\mu^2] = \mathbb{E}[\mu]^2 + \frac{1}{\lambda_N} = \bar{x}^2 + \frac{1}{N\mathbb{E}[\tau]},$$
$$\frac{1}{\mathbb{E}[\tau]} = \frac{N}{N+1}\left(\bar{x}^2 - 2\bar{x}^2 + \bar{x}^2 + \frac{1}{N\mathbb{E}[\tau]}\right),$$
$$\frac{N}{N+1}(\overline{x^2} - \bar{x}^2) = \frac{1}{\mathbb{E}[\tau]} - \frac{1}{N+1}\frac{1}{\mathbb{E}[\tau]} = \frac{N}{N+1}\frac{1}{\mathbb{E}[\tau]}.$$

よって

$$\frac{1}{\mathbb{E}[\tau]} = \overline{x^2} - \bar{x}^2 = \frac{1}{N}\sum_n (x_n-\bar{x})^2.$$

10.6　**モデル比較**　事前確率 $p(m)$ を持つ複数のモデルの比較. 観測データ X の下で事後確率 $p(m\,|\,X)$ を近似したい.

$$q(Z,m) = q(Z\,|\,m)\,q(m),\quad p(X,Z,m) = p(X)\,p(Z,m\,|\,X).$$

$\sum_{m,Z} q(Z,m) = 1$ に注意して

$$\log p(X) = \sum_{m,Z} q(Z,m)\log p(X) = \sum_{m,Z} q(Z,m)\log\frac{p(X,Z,m)}{q(Z,m)}\frac{q(Z,m)}{p(Z,m\,|\,X)}$$
$$= \underbrace{\left(\sum_{m,Z} q(Z,m)\log\frac{p(X,Z,m)}{q(Z,m)}\right)}_{:=\mathcal{L}} + \left(\sum_{m,Z} q(Z,m)\log\frac{q(Z,m)}{p(Z,m\,|\,X)}\right)$$
$$= \mathcal{L} - \sum_{m,Z} q(Z,m)\log\frac{q(Z,m\,|\,X)}{q(Z,m)} = \mathcal{L} - \sum_{m,Z} q(Z\,|\,m)\,q(m)\log\frac{p(Z,m\,|\,X)}{q(Z\,|\,m)\,q(m)}.$$

$\mathcal{L}$ を $q(m)$ について最大化する．$\sum_Z q(Z \mid m) = 1$ に注意して

$$\mathcal{L} = \sum_{m,Z} q(Z \mid m)\, q(m) \left(\log p(Z, X \mid m) + \log p(m) - \log q(Z \mid m) - \log q(m)\right)$$

$$= \sum_m q(m) \left((\log p(m) - \log q(m)) + \underbrace{\sum_Z q(Z \mid m) \log \frac{p(Z, X \mid m)}{q(Z \mid m)}}_{=:\mathcal{L}_m} \right)$$

$$= \sum_m q(m) \log \frac{p(m) \exp \mathcal{L}_m}{q(m)} = -\sum_m \mathrm{KL}(q(m) \,\|\, p(m) \exp \mathcal{L}_m).$$

よって $\mathcal{L}$ が最大となるのはカルバック距離が最小となるとき，つまり $q(m) \propto p(m) \exp \mathcal{L}_m$ のときである（$p(m) \exp \mathcal{L}_m$ は正規化されているとは限らないので $=$ ではなく $\propto$）．

10.6.1 **変分混合ガウス分布** ガウス混合モデルに変分推論法を適用してみる．x_n に対応する潜在変数を z_n とする．z_n は K 個の要素 z_{nk} からなり，$z_{nk} = 0$ または 1 で，$\sum_k z_{nk} = 1$.

$$X = (x_1, \ldots, x_N)^{\boldsymbol{T}}, \quad Z = (z_1, \ldots, z_N)^{\boldsymbol{T}}, \quad \text{混合比は } \boldsymbol{\pi} = (\pi_1, \ldots, \pi_K),$$

$$p(z_n) = \prod_k \pi_k^{z_{nk}}, \quad p(x_n \mid z_n) = \prod_k \mathcal{N}(x_n \mid \mu_k, \Sigma_k)^{z_{nk}},$$

$$p(X \mid Z, \mu, \Lambda) = \prod_{n,k} \mathcal{N}(x_n \mid \mu_k, \Lambda_k^{-1})^{z_{nk}}.$$

$\boldsymbol{\pi}$ の事前分布はディリクレ分布とする．

$$p(\boldsymbol{\pi}) = \mathrm{Dir}(\boldsymbol{\pi} \mid \alpha_0) = C(\alpha_0) \prod_k \pi_k^{\alpha_0 - 1}.$$

混合要素の持つガウス分布の事前分布はガウス・ウィシャート分布とする．

$$p(\mu, \Lambda) = p(\mu \mid \Lambda)\, p(\Lambda) = \prod_k \mathcal{N}(\mu_k \mid m_0, (\beta_0 \Lambda_k)^{-1})\, \mathcal{W}(\Lambda_k, \mid W_0, \nu_0).$$

10.6.2 **変分事後分布**

$$p(X, Z, \boldsymbol{\pi}, \mu, \Lambda) = p(X \mid Z, \mu, \Lambda)\, p(z \mid \boldsymbol{\pi})\, p(\boldsymbol{\pi})\, p(\mu \mid \Lambda)\, p(\Lambda).$$

$q(Z, \boldsymbol{\pi}, \mu, \Lambda) = q(Z)\, q(\boldsymbol{\pi}, \mu, \Lambda)$ という変分近似を考える．

Z について（以後対象としている変数以外の項は無視する）

$$\begin{aligned}
\log q^*(Z) &= \mathbb{E}_{\boldsymbol{\pi},\mu,\Lambda}[\log p(X, Z, \boldsymbol{\pi}, \mu, \Lambda)] = \mathbb{E}_{\boldsymbol{\pi}}[\log p(Z \mid \boldsymbol{\pi})] + \mathbb{E}_{\mu,\Lambda}[\log p(X \mid Z, \mu, \Lambda)] \\
&= \sum_{n,k} z_{nk} \mathbb{E}_{\boldsymbol{\pi}}[\log \pi_k] \\
&\qquad + \sum_{n,k} z_{nk} \mathbb{E}_{\mu,\Lambda} \left[\frac{1}{2} \log |\Lambda_k| - \frac{1}{2} (x_n - \mu_n)^{\boldsymbol{T}} \Lambda_k (x_n - \mu_n) - \frac{D}{2} \log(2\pi) \right] \\
&= \sum_{n,k} z_{nk} \underbrace{\left(\mathbb{E}_\pi[\log \pi_k] + \frac{1}{2} \mathbb{E}[\log |\Lambda_k|] - \frac{D}{2} \log(2\pi) - \frac{1}{2} \mathbb{E}_{\mu_k,\Lambda_k}[(x_n - \mu_k)^{\boldsymbol{T}} \Lambda_k (x_n - \mu_k)] \right)}_{=:\log \rho_{nk}} \\
&= \sum_{n,k} z_{nk} \log \rho_{nk}.
\end{aligned}$$

よって

$$q^*(Z) \propto \prod_{n,k} \rho_{nk}^{z_{nk}}.$$

Z について総和をとると $\sum_k z_{nk} = 1$ より

$$\sum_Z \prod_{n,k} \rho_{nk}^{z_{nk}} = \prod_n \left(\sum_k \rho_{nk} \right).$$

ここで, ρ_{nk} の決め方から $\rho_{nk} > 0$ であることに注意して, r_{nk} を

$$r_{nk} = \rho_{nk} \Bigg/ \left(\sum_k \rho_{nk} \right)$$

と置く. すると $r_{nk} > 0$ であり, また各 n について $\sum_k r_{nk} = 1$ となる. この r_{nk} を使うと,

$$q^*(Z) = \prod_{n,k} r_{nk}^{z_{nk}}$$

であり, $q(Z)$ の最適解は事前分布 $p(Z \mid \boldsymbol{\pi})$ と同じ形になることがわかる. また, この分布 $q^*(Z)$ に関する z_{nk} の期待値は $\mathbb{E}[z_{nk}] = r_{nk}$ である.

次の値を定義する：

$$N_k = \sum_n r_{nk}, \quad \bar{x}_k = \frac{1}{N_k} \sum_n r_{nk} x_n, \quad S_k = \frac{1}{N_k} \sum_n r_{nk} (x_n - \bar{x}_k)(x_n - \bar{x}_k)^{\boldsymbol{T}}.$$

$q(\boldsymbol{\pi}, \mu, \Lambda)$ について考える.

$$\begin{aligned}
\log q^*(\boldsymbol{\pi}, \mu, \Lambda) &= \mathbb{E}_Z \left[\log p(X, Z, \boldsymbol{\pi}, \mu, \Lambda) \right] \\
&= \log p(\boldsymbol{\pi}) + \sum_k \log p(\mu_k, \Lambda_k) \\
&\quad + \mathbb{E}_Z [\log p(Z \mid \boldsymbol{\pi})] + \sum_{n,k} \mathbb{E}[z_{nk}] \log \mathcal{N}(x_n \mid \mu_k, \Lambda_k^{-1}).
\end{aligned}$$

この式は $\boldsymbol{\pi}$ だけを含む項とそれ以外の項に分かれている. 更に μ_k, Λ_k の積にもなっている. つまり $q(\boldsymbol{\pi}, \mu, \Lambda) = q(\boldsymbol{\pi}) \prod_k q(\mu_k, \Lambda_k)$ という形になっている. $\boldsymbol{\pi}$ に依存する部分を見る.

$$\begin{aligned}
\log q^*(\boldsymbol{\pi}) &= \log \mathrm{Dir}(\boldsymbol{\pi} \mid \alpha_0) + \mathbb{E}_Z \left[\sum_{n,k} z_{nk} \log \pi_k \right] \\
&= (\alpha_0 - 1) \sum_k \log \pi_k + \sum_{n,k} r_{nk} \log \pi_k = \sum_k \left(\alpha_0 - 1 + \sum_n r_{nk} \right) \log \pi_k.
\end{aligned}$$

よって $q^*(\boldsymbol{\pi})$ はディリクレ分布となる. その係数は $\alpha_k = \alpha_0 + N_k$ とおいて $\alpha = (\alpha_k)$ とすると $q^*(\boldsymbol{\pi}) = \mathrm{Dir}(\boldsymbol{\pi} \mid \alpha)$. $q^*(\mu_k, \Lambda_k) = q^*(\mu_k \mid \Lambda_k) q^*(\Lambda_k)$ を考える. まず

$$\begin{aligned}
\log q^*(\mu_k, \Lambda_k) &= \log \mathcal{N}(\mu_k \mid m_0, (\beta_0 \Lambda_k)^{-1}) + \log \mathcal{W}(\Lambda_k \mid W_0, \nu_0) \\
&\quad + \sum_n r_{nk} \log \mathcal{N}(x_n \mid \mu_k, \Lambda_k^{-1}) \\
&\quad (\mu_k, \Lambda_k \text{の依存部分だけとりだして}) \\
&= \frac{1}{2} \log |\beta_0 \Lambda_k| - \frac{1}{2} (\mu_k - m_0)^{\boldsymbol{T}} \beta_0 \Lambda_k (\mu_k - m_0) + \frac{\nu_0 - D - 1}{2} \log |\Lambda_k| \\
&\quad - \frac{1}{2} \mathrm{tr}(W_0^{-1} \Lambda_k) + \sum_n r_{nk} \left(\frac{1}{2} \log |\Lambda_k| - \frac{1}{2} (x_n - \mu_k)^{\boldsymbol{T}} \Lambda_k (x_n - \mu_k) \right).
\end{aligned}$$

このうち更に μ_k に依存する部分をみる：

$$\log q^*(\mu_k \mid \Lambda_k) = -\frac{1}{2} \mu_k^{\boldsymbol{T}} \left(\beta_0 + \sum_n r_{nk} \right) \Lambda_k \mu_k + \mu_k^{\boldsymbol{T}} \Lambda_k \left(\beta_0 m_0 + \sum_n r_{nk} x_n \right)$$

$$\left(\beta_k := \beta_0 + N_k, \quad m_k := \frac{1}{\beta_k} (\beta_0 m_0 + N_k \bar{x}_k) \text{ と置くと} \right)$$

$$= -\frac{1}{2}\mu_k^{\boldsymbol{T}}(\beta_k\Lambda_k)\mu_k + \mu_k^{\boldsymbol{T}}(\beta_k\Lambda_k)m_k.$$

よって

$$q^*(\mu_k \mid \Lambda_k) = \mathcal{N}(\mu_k \mid m_k, (\beta_k\Lambda_k)^{-1}).$$

残りを考える.

$$\begin{aligned}
\log q^*(\Lambda_k) &= \log q^*(\mu_k, \Lambda_k) - \log q^*(\mu_k \mid \Lambda_k) \\
&= \frac{1}{2}\log|\beta_0\Lambda_k| - \frac{1}{2}(\mu_k - m_0)^{\boldsymbol{T}}(\beta_0\Lambda_k)(\mu_k - m_0) + \frac{\nu_0 - D - 1}{2}\log|\Lambda_k| \\
&\quad -\frac{1}{2}\operatorname{tr}(W_0^{-1}\Lambda_k) + \frac{1}{2}N_k\log|\Lambda_k| - \frac{1}{2}\sum_n r_{nk}(x_n - \mu_k)^{\boldsymbol{T}}\Lambda_k(x_n - \mu_k) \\
&\quad -\frac{1}{2}\log|\beta_0\Lambda_k| + \frac{1}{2}(\mu_k - m_k)^{\boldsymbol{T}}(\beta_0\Lambda_k)(\mu_k - m_k) \\
&= \frac{(\nu_0 + N_k) - D - 1}{2}\log|\Lambda_k| - \frac{1}{2}\operatorname{tr}\Big((\beta_0\Lambda_k)(\mu_k - m_0)(\mu_k - m_0)^{\boldsymbol{T}} \\
&\quad + \sum_n r_{nk}\Lambda_k(x_n - \mu_k)(x_n - \mu_k)^{\boldsymbol{T}} - \beta_k\Lambda_k(\mu_k - m_k)(\mu_k - m_k)^{\boldsymbol{T}}\Big) \\
&\quad -\frac{1}{2}(\Lambda_k W_0^{-1}) \\
&\quad (\nu_k := \nu_0 + N_k \text{ と置く}) \\
&= \frac{\nu_k - D - 1}{2}\log|\Lambda_k| - \frac{1}{2}\operatorname{tr}\Big(\Lambda_k\big(W_0^{-1} + \beta_0(\mu_k - m_0)(\mu_k - m_0)^{\boldsymbol{T}} \\
&\quad + \sum_n r_{nk}(x_n - \mu_k)(x_n - \mu_k)^{\boldsymbol{T}} - \beta_k(\mu_k - m_k)(\mu_k - m_k)^{\boldsymbol{T}}\big)\Big) \\
&= \frac{\nu_k - D - 1}{2}\log|\Lambda_k| - \frac{1}{2}\operatorname{tr}(\Lambda_k W_k^{-1}) \text{ と置く.}
\end{aligned}$$

W_k を求めよう. まず

$$\begin{aligned}
\sum_n r_{nk}x_n x_n^{\boldsymbol{T}} &= \sum_n r_{nk}\left((x_n - \bar{x}_k)(x_n - \bar{x}_k)^{\boldsymbol{T}} + 2x_n\bar{x}_k - \bar{x}\bar{x}^{\boldsymbol{T}}\right) \\
&= N_k S_k + 2_N k + 2N_k\bar{x}_k\bar{x}_k^{\boldsymbol{T}} - N_k\bar{x}_k\bar{x}_k^{\boldsymbol{T}} \\
&= N_k S_k + N_k\bar{x}_k\bar{x}_k^{\boldsymbol{T}}. \qquad (10.1)
\end{aligned}$$

よって

$$\begin{aligned}
W_k^{-1} &= W_0^{-1} + \beta_0\left(\mu_k\mu_k^{\boldsymbol{T}} - 2\mu_k m_0^{\boldsymbol{T}} + m_0 m_0^{\boldsymbol{T}}\right) + N_k S_k + N_k\bar{x}_k\bar{x}_k^{\boldsymbol{T}} - 2\sum_n r_{nk}x_n\mu_k^{\boldsymbol{T}} \\
&\quad + \sum_n r_{nk}\mu_k\mu_k^{\boldsymbol{T}} - (\beta_0 + N_k)\Big(\mu_k\mu_k^{\boldsymbol{T}} - 2\mu_k\frac{1}{\beta_k}(\beta_0 m_0 + N_k\bar{x}_k)^{\boldsymbol{T}} \\
&\quad + \frac{1}{\beta_k^2}(\beta_0 m_0 + N_k\bar{x}_k)(\beta_0 m_0 + N_k\bar{x}_k)^{\boldsymbol{T}}\Big) \\
&\quad (\textstyle\sum_n r_{nk} = N_k \text{ に注意して}) \\
&= W_0^{-1} + N_k S_k + \beta_0 m_0 m_0^{\boldsymbol{T}} + N_k\bar{x}_k\bar{x}_k^{\boldsymbol{T}} \\
&\quad - \frac{1}{\beta_k}\left(\beta_0^2 m_0 m_0^{\boldsymbol{T}} + 2\beta_0 N_k m_0\bar{x}_k^{\boldsymbol{T}} + N_k^2\bar{x}_k\bar{x}_k^{\boldsymbol{T}}\right) \\
&= W_0^{-1} + N_k S_k + \frac{(\beta_0 + N_k)\beta_0 - \beta_0^2}{\beta_k}m_0 m_0^{\boldsymbol{T}} + \frac{(\beta_0 + N_k)N_k - N_k^2}{\beta_k}\bar{x}_k\bar{x}_k^{\boldsymbol{T}} \\
&\quad - \frac{2\beta_0 N_k}{\beta_k}m_0\bar{x}_k^{\boldsymbol{T}} \\
&= W_0^{-1} + N_k S_k + \frac{\beta_0 N_k}{\beta_k}(m_0 - \bar{x}_k)(m_0 - \bar{x}_k)^{\boldsymbol{T}}.
\end{aligned}$$

よって

$$q^*(\Lambda_k) = \mathcal{W}(\Lambda_k \,|\, W_k, \nu_k), \quad q^*(\mu_k, \Lambda_k) = \mathcal{N}(\mu_k \,|\, m_k, (\beta_k \Lambda_k)^{-1}) \mathcal{W}(\Lambda_k \,|\, W_k, \nu_k).$$

$\mathcal{N}(x \,|\, \mu, \Lambda^{-1})$ について $\mathbb{E}[xx^{\boldsymbol{T}}] = \mu\mu^{\boldsymbol{T}} + \Lambda^{-1}$, $\mathcal{W}(\Lambda_k \,|\, W_k, \nu_k)$ について $\mathbb{E}[\Lambda_k] = \nu_k W_k$ なので

$$\begin{aligned}
&\mathbb{E}_{\mu_k, \Lambda_k}[(x_n - \mu_k)^{\boldsymbol{T}} \Lambda_k (x_n - \mu_k)] \\
&= \operatorname{tr}\left(\mathbb{E}\left[\Lambda_k x_n x_n^{\boldsymbol{T}}\right] - 2E\left[\Lambda_k x_n \mu_k^{\boldsymbol{T}}\right] + \mathbb{E}\left[\Lambda_k \mu_k \mu_k^{\boldsymbol{T}}\right]\right) \\
&= \operatorname{tr}\mathbb{E}[\nu_k W_k x_n x_n^{\boldsymbol{T}}] - 2\operatorname{tr}\mathbb{E}[\nu_k W_k x_n m_k^{\boldsymbol{T}}] + \operatorname{tr}\mathbb{E}\left[\Lambda_k (m_k m_k^{\boldsymbol{T}} + (\beta_k \Lambda_k)^{-1}\right] \\
&= \nu_k \operatorname{tr}\left(W_k x_n x_n^{\boldsymbol{T}}\right) - 2\nu_k \operatorname{tr}\left(W_k x_n m_k^{\boldsymbol{T}}\right) + \operatorname{tr}\left(\nu_k W_k m_k m_k^{\boldsymbol{T}}\right) + D\beta_k^{-1} \\
&= D\beta_k^{-1} + \nu_k (x_n - m_k)^{\boldsymbol{T}} W_k (x_n - m_k). \qquad (10.2)
\end{aligned}$$

ウィシャート分布の公式から

$$\log \tilde{\Lambda}_k := \mathbb{E}[\log |\Lambda_k|] = \sum_i \phi\left(\frac{\nu_k + 1 - i}{2}\right) + D\log 2 + \log |W_k|.$$

ディリクレ分布の公式から

$$\log \tilde{\pi}_k := \mathbb{E}[\log \pi_k] = \phi(\alpha_k) - \phi(\hat{\alpha}), \quad \hat{\alpha} = \sum_k \alpha_k.$$

$$\begin{aligned}
\log \rho_{nk} &= \mathbb{E}[\log \pi_k] + \frac{1}{2}\mathbb{E}[\log |\Lambda_k|] - \frac{D}{2}\log(2\pi) - \frac{1}{2}\mathbb{E}\left[(x_n - \mu_k)^{\boldsymbol{T}} \Lambda_k (x_n - \mu_k)\right] \\
&= \log \tilde{\pi}_k + \frac{1}{2}\log \tilde{\Lambda}_k - \frac{D}{2}\log(2\pi) - \frac{1}{2}\left(D\beta_k^{-1} + \nu_k (x_n - m_k)^{\boldsymbol{T}} W_k (x_n - m_k)\right).
\end{aligned}$$

よって

$$r_{nk} \propto \rho_{nk} \propto \tilde{\pi}_k \Lambda_k^{1/2} \exp\left(-\frac{D}{2\beta_k} - \frac{\nu_k}{2}(x_n - m_k)^{\boldsymbol{T}} W_k (x_n - m_k)\right).$$

混合ガウス分布の EM アルゴリズムでの負担率は $\gamma(z_{nk}) \propto \pi_k \mathcal{N}(x_n \,|\, \mu_k, \Lambda_k^{-1})$ だったので

$$r_{nk} \propto \pi_k |\lambda_k|^{1/2} \exp\left(-\frac{1}{2}(x_n - \mu_k)^{\boldsymbol{T}} \Lambda_k (x_n - \mu_k)\right).$$

これは上の式とよく似ている．

ディリクレ分布の平均の式 $\mathbb{E}[\mu_k] = \alpha_k / \hat{\alpha}$ より

$$\mathbb{E}[\pi_k] = \frac{\alpha_0 + N_k}{\sum_k \alpha_k} = \frac{\alpha_0 + N_k}{K\alpha_0 + \sum_k N_k} = \frac{\alpha_0 + N_k}{K\alpha_0 + N}.$$

ある混合要素 k について $r_{nk} \simeq 0$ なら $N_k \simeq 0$（PRML p.193 は「かつ」となってるけど片方の条件から出る）．このとき $\alpha_k \simeq \alpha_0$ となる．PRML の 10 章では分布が幅広いという状態を「なだらか」と表記しているようだ．ちょっとニュアンスが違う気もするけど．

事前分布で $\alpha_0 \to 0$ とすると $\mathbb{E}[\pi_k] \to 0$. $\alpha_0 \to \infty$ なら $\mathbb{E}[\pi_k] \to 1/K$.

10.7　変分下限　PRML 下巻（3 刷）ではこの章は変分下限である．しかしここで計算する $\mathcal{L}$ の値は $\log p(X)$ の下界の中で一番大きいものになるとは限らない．$\mathrm{KL}(q \,\|\, p)$ は一般に 0 ではない．その意味で 10.2 節で述べたように変分下界が適切と思われる．

それはさておき，$q(Z, \boldsymbol{\pi}, \mu, \Lambda) = q(Z)\, q(\boldsymbol{\pi}, \mu, \Lambda)$ と分解できると仮定すると

$$\begin{aligned}
\mathcal{L}(q) &= \int q(Z) \log \frac{p(X, Z)}{q(Z)}\, dZ \\
&= \sum \int q(Z, \boldsymbol{\pi}, \mu, \Lambda) \log \frac{p(X, Z, \boldsymbol{\pi}, \mu, \Lambda)}{q(Z, \boldsymbol{\pi}, \mu, \Lambda)}\, d\boldsymbol{\pi} d\mu d\Lambda \\
&= \mathbb{E}[\log p(X, Z, \boldsymbol{\pi}, \mu, \Lambda)] - \mathbb{E}[\log q(Z, \boldsymbol{\pi}, \mu, \Lambda)]
\end{aligned}$$

$$= \mathbb{E}[\log p(X \mid Z, \mu, \Lambda)] + \mathbb{E}[\log p(Z \mid \boldsymbol{\pi})] + \mathbb{E}[\log p(\boldsymbol{\pi})] + \mathbb{E}[\log p(\mu, \Lambda)] \\ - \mathbb{E}[\log q(Z)] - \mathbb{E}[\log q(\boldsymbol{\pi})] - \mathbb{E}[\log q(\mu, \Lambda)].$$

以下, ひたすら計算する.

$$\mathbb{E}[\log p(X \mid Z, \mu, \Lambda)] = \mathbb{E}\left[\sum_{n,k} z_{nk} \log \mathcal{N}(x_n \mid \mu_k, \Lambda_k^{-1})\right]$$

$$= \frac{1}{2}\mathbb{E}\left[\sum_{n,k} z_{nk}\left(-D\log(2\pi) + \log|\Lambda_k| - (x_n - \mu_k)^{\boldsymbol{T}}\Lambda_k(x_n - \mu_k)\right)\right]$$

$$= \frac{1}{2}\sum_k \mathbb{E}\left[-N_k D\log(2\pi) + N_k \log|\Lambda_k| - \sum_n z_{nk}(x_n - \mu_k)^{\boldsymbol{T}}\Lambda_k(x_n - \mu_k)\right]$$

$$= \frac{1}{2}\sum_k N_k\left(\log\tilde{\Lambda}_k - D\log(2\pi)\right) \\ - \frac{1}{2}\underbrace{\sum_{n,k} r_{nk}\left(D\beta_k^{-1} + \nu_k(x_n - m_k)^{\boldsymbol{T}}W_k(x_n - m_k)\right)}_{=:X},$$

$$X = \sum_k N_k D\beta_k^{-1} + \sum_k \nu_k \underbrace{\left(\sum_n r_{nk}(x_n - m_k)^{\boldsymbol{T}}W_k(x_n - m_k)\right)}_{=:Y}.$$

式 (10.1) より

$$\sum_n r_{nk} x_n x_n^{\boldsymbol{T}} = N_k S_k + N_k \bar{x}_k \bar{x}_k^{\boldsymbol{T}}.$$

よって

$$Y = \operatorname{tr}\left(W_k\left(\sum_n r_{nk}x_n x_n^{\boldsymbol{T}} - 2\sum_n r_{nk}x_n m_k^{\boldsymbol{T}} + \sum_n r_{nk}m_k m_k^{\boldsymbol{T}}\right)\right) \\ = \operatorname{tr}(W_k(N_k S_k + N_k\bar{x}_k\bar{x}_k^{\boldsymbol{T}} - 2N_k\bar{x}_k m_k^{\boldsymbol{T}} + N_k m_k m_k^{\boldsymbol{T}})) \\ = N_k \operatorname{tr}\left(W_k\left(S_k + (\bar{x}_k - m_k)(\bar{x}_k - m_k)^{\boldsymbol{T}}\right)\right) \\ = N_k\left(\operatorname{tr}(S_k W_k) + (\bar{x}_k - m_k)^{\boldsymbol{T}}W_k(\bar{x}_k - m_k)\right).$$

よって

$$\mathbb{E}[\log p(X \mid Z, \mu, \Lambda)] = \frac{1}{2}\sum_k N_k\Big(\log\tilde{\Lambda}_k - D\beta_k^{-1} - \nu_k \operatorname{tr}(S_k W_k) \\ - \nu_k(\bar{x}_k - m_k)^{\boldsymbol{T}}W_k(\bar{x}_k - m_k) - D\log(2\pi)\Big),$$

$$\mathbb{E}[\log p(Z \mid \boldsymbol{\pi}) = \mathbb{E}\left[\sum_{n,k} z_{nk}\log\pi_k\right] = \sum_{n,k} r_{nk}\log\tilde{\pi}_k,$$

$$\mathbb{E}[\log p(\boldsymbol{\pi})] = \mathbb{E}\left[\log C(\alpha_0) + \sum_k(\alpha_0 - 1)\log\pi_k\right] = \log C(\alpha_0) + (\alpha_0 - 1)\sum_k \log\tilde{\pi}_k,$$

$$\mathbb{E}[\log q(Z)] = \mathbb{E}\left[\sum_{n,k} z_{nk}\log r_{nk}\right] = \sum_{n,k}\log r_{nk},$$

$$\mathbb{E}[\log q(\boldsymbol{\pi})] = \mathbb{E}\left[\log C(\alpha) + \sum_k (\alpha_k - 1)\log \pi_k\right] = \log C(\alpha) + \sum_k (\alpha_k - 1)\log \tilde{\pi}_k,$$

$$\mathbb{E}[\log q(\mu, \Lambda)] = \sum_k \mathbb{E}\left[\log \mathcal{N}(\mu_k \mid m_k, (\beta_k \Lambda_k)^{-1}) + \log \mathcal{W}(\lambda_k \mid W_k, \nu_k)\right]$$

$$= \sum_k \mathbb{E}\left[-\frac{D}{2}\log(2\pi) + \frac{1}{2}\log|\beta_k \Lambda_k| - \frac{1}{2}(\mu_k - m_k)^{\boldsymbol{T}}(\beta_k\Lambda_k)(\mu_k - m_k)\right] + \mathbb{E}[\log W]$$

$$= \sum_k \frac{1}{2}\log\tilde{\Lambda}_k + \frac{D}{2}\log\left(\frac{\beta_k}{2\pi}\right) - \frac{1}{2}\underbrace{\mathrm{tr}\,\mathbb{E}\left[(\beta_k\Lambda_k)(\mu_k - m_k)(\mu_k - m_k)^{\boldsymbol{T}}\right]}_{=:X} + \underbrace{\mathbb{E}[\log W]}_{=:Y},$$

$$X = \mathrm{tr}(\beta_k\Lambda_k)\left(\mathbb{E}[\mu_k\mu_k^{\boldsymbol{T}}] - 2E[\mu_k]m_k^{\boldsymbol{T}} + m_k m_k^{\boldsymbol{T}}\right)$$

$$= \mathrm{tr}(\beta_k\Lambda_k)\left(m_k m_k^{\boldsymbol{T}} + (\beta_k\Lambda_k)^{-1} - m_k m_k^{\boldsymbol{T}}\right) = \mathrm{tr}\, I = D,$$

$$Y = \mathbb{E}[\log W(\Lambda_k \mid W_k, \nu_k)]$$

$$= \log B(W_k, \nu_k) + \frac{\nu_k - D - 1}{2}\mathbb{E}\left[\log|\Lambda_k|\right] - \frac{1}{2}\mathrm{tr}\left(W_k^{-1}\mathbb{E}[\Lambda_k]\right)$$

$$= \log B(W_k, \nu_k) + \frac{\nu_k - D - 1}{2}\mathbb{E}\left[\log|\Lambda_k|\right] - \frac{1}{2}\nu_k D = -H[\Lambda_k].$$

よって

$$\mathbb{E}[\log q(\mu, \Lambda)] = \sum_k \left(\frac{1}{2}\log\tilde{\Lambda}_k + \frac{D}{2}\log\left(\frac{\beta_k}{2\pi}\right) - \frac{D}{2} - H[\Lambda_k]\right),$$

$$\mathbb{E}[\log p(\mu, \Lambda)] = \sum_k \underbrace{\mathbb{E}[\log \mathcal{N}(\mu_k \mid m_0, (\beta_0\Lambda_k)^{-1})]}_{=:A} + \underbrace{\mathbb{E}[\log \mathcal{W}(\Lambda_k \mid W_0, \nu_0)]}_{=:B},$$

$$A = \mathbb{E}\left[-\frac{D}{2}\log(2\pi) + \frac{1}{2}\log|\beta_0\Lambda_k| - \frac{1}{2}(\mu_k - m_0)^{\boldsymbol{T}}(\beta_0\Lambda_k)(\mu_k - m_0)\right]$$

$$= \frac{D}{2}\log\left(\frac{\beta_0}{2\pi}\right) + \frac{1}{2}\log\tilde{\Lambda}_k - \frac{1}{2}\beta_0\mathbb{E}[(m_0 - \mu_k)^{\boldsymbol{T}}\Lambda_k(m_0 - \mu_k)]$$

(p.73 の式 (10.2) で $x_n = m_0$ として使うと)

$$= \frac{1}{2}\left(D\log\left(\frac{\beta_0}{2\pi}\right) + \log\tilde{\Lambda}_k - \beta_0\left(D\beta_k^{-1} + \nu_k(m_0 - \mu_k)^{\boldsymbol{T}}W_k(m_0 - \mu_k)\right)\right)$$

$$= \frac{1}{2}\left(D\log\left(\frac{\beta_0}{2\pi}\right) + \log\tilde{\Lambda}_k - \frac{D\beta_0}{\beta_k} - \beta_0\nu_k(m_k - m_0)^{\boldsymbol{T}}W_k(m_k - m_0)\right),$$

$$B = \mathbb{E}\left[\log B(W_0, \nu_0) + \frac{\nu_0 - D - 1}{2}\log|\Lambda_k| - \frac{1}{2}\mathrm{tr}(W_0^{-1}\Lambda_k)\right]$$

$$= \log B(W_0, \nu_0) + \frac{\nu_0 - D - 1}{2}\log\tilde{\Lambda}_k - \frac{1}{2}\mathrm{tr}(W_0^{-1}\underbrace{\mathbb{E}[\Lambda_k]}_{=\nu_k W_k}).$$

よって

$$\mathbb{E}[\log p(\mu, \Lambda)]$$

$$= \frac{1}{2}\sum_k\left(D\log\left(\frac{\beta_0}{2\pi}\right) + \log\tilde{\Lambda}_k - \frac{D\beta_0}{\beta_k} - \beta_0\nu_k(m_k - m_0)^{\boldsymbol{T}}W_k(m_k - m_0)\right)$$

$$+ K\log B(W_0, \nu_0) + \frac{\nu_0 - D - 1}{2}\sum_k\log\tilde{\Lambda}_k - \frac{1}{2}\sum_k \nu_k\,\mathrm{tr}(W_0^{-1}W_k).$$

最後に $\mathcal{L}$ を求めよう．

$$\sum_k N_k = N, \quad H[q(\Lambda_k)] = -\log B(W_k, \nu_k) - \frac{\nu_k - D - 1}{2}\log\tilde{\Lambda}_k + \frac{\nu_k D}{2}$$

に注意する．

$$\begin{aligned}
\mathcal{L} = &\frac{1}{2}\sum_k N_k \log\tilde{\Lambda}_k - \frac{1}{2}\sum_k N_k\frac{D}{\beta_k} - \frac{1}{2}\sum_k N_k\nu_k \operatorname{tr}(S_k W_k) \\
&-\frac{1}{2}\sum_k N_k\nu_k(\bar{x}_k - m_k)^{\boldsymbol{T}} W_k(\bar{x}_k - m_k) - \frac{1}{2}\sum_k N_k D\log(2\pi) + \sum_k N_k\log\tilde{\pi}_k \\
&+\log C(\alpha_0) + (\alpha_0 - 1)\sum_k \log\tilde{\pi}_k + \frac{DK}{2}\log\left(\frac{\beta_0}{2\pi}\right) + \frac{1}{2}\sum_k\log\tilde{\Lambda}_k \\
&-\frac{1}{2}\sum_k\frac{D\beta_0}{\beta_k} - \frac{1}{2}\sum_k \beta_0\nu_k(m_k - m_0)^{\boldsymbol{T}} W_k(m_k - m_0) + K\log B(W_0, \nu_0) \\
&+\frac{\nu_0 - D - 1}{2}\sum_k\log\tilde{\Lambda}_k - \frac{1}{2}\sum_k \nu_k\operatorname{tr}(W_0^{-1}W_k) - \sum_{n,k} r_{nk}\log r_{nk} \\
&-\sum_k(\alpha_k - 1)\log\tilde{\pi}_k - \log C(\alpha) - \frac{1}{2}\sum_k\log\tilde{\Lambda}_k - \frac{D}{2}\sum_k\log\frac{\beta_k}{2\pi} + \frac{DK}{2} \\
&+\sum_k\left(-\log B(W_k, \nu_k) - \frac{\nu_k - D - 1}{2}\log\tilde{\Lambda}_k + \frac{\nu_k D}{2}\right). \\
= &\log\frac{C(\alpha_0)}{C(\alpha)} - \sum_{n,k} r_{nk}\log r_{nk} + \frac{1}{2}\sum_k\log\tilde{\Lambda}(N_k + 1 - \nu_0 - D - 1 - 1 - \nu_k + D + 1) \\
&+\sum_k\log\tilde{\pi}_k(N_k + \alpha_0 - 1 - \alpha_k + 1) + K\log B(W_0, \nu_0) - \sum_k\log B(W_k, \nu_k) \\
&-\frac{DN}{2}\log(2\pi) + \frac{D}{2}\underbrace{\sum_k\left(\frac{N_k}{\beta_k} + \frac{\beta_0}{\beta_k}\right)}_{=:K} + \frac{DK}{2}(\log\beta_0 - \log(2\pi)) - \frac{D}{2}\sum_k\log\beta_k \\
&+\frac{DK}{2}\log(2\pi) + \frac{DK}{2} + \frac{D}{2}\sum_k\nu_k \\
&-\frac{1}{2}\sum_k\nu_k\operatorname{tr}\big(W_k\underbrace{(N_k S_k + N_k(\bar{x}_k - m_k)(\bar{x}_k - m_k)^{\boldsymbol{T}} + \beta_0(m_k - m_0)(m_k - m_0)^{\boldsymbol{T}} + W_0^{-1})}_{=:X}\big) \\
= &\log\frac{C(\alpha_0)}{C(\alpha)} - \sum_{n,k} r_{nk}\log r_{nk} + K\log B(W_0, \nu_0) - \sum_k\log B(W_k, \nu_k) + \frac{DK}{2}\log\beta_0 \\
&-\frac{D}{2}\sum_k\log\beta_k - \frac{DN}{2}\log(2\pi) + \frac{D}{2}\sum_k\nu_k - \frac{1}{2}\sum_k\nu_k\operatorname{tr}(W_k X).
\end{aligned}$$

$$\bar{x}_k - m_k = \bar{x}_k - \frac{1}{\beta_k}(\beta_0 m_0 + N_k\bar{x}_k) = \frac{1}{\beta_k}(\beta_k\bar{x}_k - N_k\bar{x}_k - \beta_0 m0) = \frac{\beta_0}{\beta_k}(\bar{x}_k - m_0),$$

$$m_k - m_0 = \frac{1}{\beta_k}(\beta_0 m_0 + N_k\bar{x}_k) - m_0 = \frac{1}{\beta_k}(N_k\bar{x}_k + \beta_0 m_0 - \beta_k m_0) = \frac{N_k}{\beta_k}(\bar{x}_k - m_0).$$

よって

$$N_k(\bar{x}_k - m_k)(\bar{x}_k - m_k)^{\boldsymbol{T}} + \beta_0(m_k - m_0)(m_k - m_0)^{\boldsymbol{T}}$$

$$= \left(\frac{N_k\beta_0^2}{\beta_k^2} + \frac{\beta_0 N_k^2}{\beta_k^2}\right) = \frac{\beta_0 N_k}{\beta_k}(\bar{x}_k - m_0)(\bar{x}_k - m_0)^{\boldsymbol{T}}.$$

よって

$$X = W_k^{-1}, \quad \sum_k \nu_k \operatorname{tr}(W_k W_k^{-1}) = D \sum_k \nu_k.$$

$$\mathcal{L} = \log \frac{C(\alpha_0)}{C(\alpha)} - \sum_{n,k} r_{nk} \log r_{nk} + \sum_k \log \frac{B(W_0, \nu_0)}{B(W_k, \nu_k)} + \frac{D}{2} \sum_k \log \frac{\beta_0}{\beta_k} - \frac{DN}{2} \log(2\pi).$$

10.8　**予測分布**　新しい観測値の予測分布を知りたい.

$$p(Z \mid \boldsymbol{\pi}) = \prod_{n,k} \pi_k^{z_{nk}}, \quad p(X \mid Z, \mu, \Lambda) = \prod_{n,k} \mathcal{N}(x_n \mid \mu_k, \Lambda_k^{-1})^{z_{nk}}$$

と $\sum_k z_{nk} = 1$ を使って

$$p(\hat{x} \mid X) = \sum_{\hat{z}} \int p(\hat{x} \mid \hat{z}, \mu, \Lambda)\, p(\hat{z} \mid \boldsymbol{\pi})\, p(\boldsymbol{\pi}, \mu, \Lambda \mid X)\, d\boldsymbol{\pi} d\mu d\Lambda$$

$$= \sum_k \pi_k \int \mathcal{N}(\hat{x} \mid \mu_k, \Lambda_k^{-1}) \underbrace{p(\boldsymbol{\pi}, \mu, \Lambda \mid X)}_{\simeq q(\boldsymbol{\pi})\, q(\mu, \Lambda)} d\boldsymbol{\pi} d\Lambda d\mu$$

$$\simeq \sum_k \int \pi_k \mathcal{N}(\hat{x} \mid \mu_k, \Lambda_k^{-1})\, q(\boldsymbol{\pi}) \prod_j q(\mu_j, \Lambda_j)\, d\boldsymbol{\pi} d\Lambda d\mu$$

($k \neq j$ なら積分して 1 なので)

$$= \sum_k \int \pi_k \mathcal{N}(\hat{x} \mid \mu_k, \Lambda_k^{-1})\, q(\boldsymbol{\pi})\, q(\mu_k, \Lambda_k)\, d\boldsymbol{\pi} d\mu_k d\Lambda_k$$

$$= \sum_k \Bigg(\underbrace{\int \pi_k\, q(\boldsymbol{\pi})\, d\boldsymbol{\pi}}_{=:X} \int \underbrace{\left(\int \mathcal{N}(\hat{x} \mid \mu_k, \Lambda_k^{-1})\, \mathcal{N}(\mu_k \mid m_k, (\beta_k \Lambda_k)^{-1})\, d\mu_k\right)}_{=:Y} \times W(\Lambda_k \mid W_k, \nu_k)\, d\Lambda_k\Bigg).$$

X, Y をそれぞれ計算する：

$$X = \int \pi_k \operatorname{Dir}(\boldsymbol{\pi} \mid \alpha)\, d\boldsymbol{\pi} = \frac{\alpha_k}{\hat{\alpha}}.$$

$$A := \int \mathcal{N}(x \mid \mu, \Lambda^{-1})\, \mathcal{N}(\mu \mid m, (\beta\Lambda)^{-1})\, d\mu$$

$$= \int \frac{1}{(2\pi)^D} |\Lambda|^{1/2} |\beta\Lambda|^{1/2} \exp\left(-\frac{1}{2}\Lambda \underbrace{\left((x-\mu)(x-\mu)^{\boldsymbol{T}} + \beta(\mu - m)(\mu - m)^{\boldsymbol{T}}\right)}_{=:B}\right) d\mu,$$

$$B = (\beta+1)\mu\mu^{\boldsymbol{T}} - 2\mu(x + \beta m)^{\boldsymbol{T}} + xx^{\boldsymbol{T}} + \beta m m^{\boldsymbol{T}}$$

$$= (\beta+1)\left(\mu - \frac{1}{\beta+1}(x+\beta m)\right)\left(\mu - \frac{1}{\beta+1}(x+\beta m)\right)^{\boldsymbol{T}}$$

$$+ \underbrace{xx^{\boldsymbol{T}} + \beta m m^{\boldsymbol{T}} - \frac{1}{\beta+1}(x+\beta m)(x+\beta m)^{\boldsymbol{T}}}_{=:C},$$

$$C = \frac{\beta}{\beta+1} xx^{\boldsymbol{T}} + \frac{\beta^2 + \beta - \beta^2}{\beta+1} m m^{\boldsymbol{T}} - \frac{2\beta}{\beta+1} x m^{\boldsymbol{T}} = \frac{\beta}{\beta+1}(x - m)(x - m)^{\boldsymbol{T}}.$$

よって

$$A = \int \mathcal{N}\left(\mu \,\middle|\, \frac{x+\beta m}{\beta+1}, ((\beta+1)\Lambda)^{-1}\right) \frac{1}{(2\pi)^{D/2}} \frac{|\beta\Lambda^2|^{1/2}}{|(\beta+1)\Lambda|^{1/2}}$$
$$\times \exp\left(-\frac{1}{2}(x-m)^{\boldsymbol{T}}\left(\frac{\beta}{\beta+1}\Lambda\right)(x-m)\right) d\mu = \mathcal{N}\left(x \,\middle|\, m, \left(\frac{\beta}{\beta+1}\Lambda\right)^{-1}\right).$$

つまり

$$Y = \mathcal{N}\left(\hat{x} \,\middle|\, m_k, \left(\frac{\beta_k}{\beta_k+1}\Lambda_k\right)^{-1}\right).$$

$$D := \mathcal{N}\left(x \,\middle|\, m, \left(\frac{\beta}{\beta+1}\Lambda\right)^{-1}\right) W(\Lambda \,|\, W, \nu)$$
$$= \frac{1}{(2\pi)^{D/2}} \left|\frac{\beta}{\beta+1}\Lambda\right|^{1/2} \exp\left(-\frac{1}{2}\operatorname{tr}\left(\Lambda\frac{\beta}{\beta+1}(x-m)(x-m)^{\boldsymbol{T}}\right)\right)$$
$$\times B(W,\nu)|\Lambda|^{\frac{\nu-D-1}{2}} \exp\left(-\frac{1}{2}\operatorname{tr}(W^{-1}\Lambda)\right),$$

$$W'^{-1} := W^{-1} + \frac{\beta}{\beta+1}(x-m)(x-m)^{\boldsymbol{T}}$$

とおく. $\left|I+ab^{\boldsymbol{T}}\right| = 1 + a^{\boldsymbol{T}}b$ より $W = W^{\boldsymbol{T}}$ のとき

$$\left|W^{-1} + xx^{\boldsymbol{T}}\right| = \left|W^{-1}\right| \left|I + Wxx^{\boldsymbol{T}}\right| = |W|^{-1}\left(1 + x^{\boldsymbol{T}}Wx\right).$$

よって

$$|W'^{-1}| = |W|^{-1}\left(1 + \underbrace{\frac{\beta}{\beta+1}(x-m)^{\boldsymbol{T}}W(x-m)}_{=:\lambda}\right) = |W|^{-1}(1+\lambda),$$

$$|W'| = |W|\left(\frac{1}{1+\lambda}\right).$$

よって

$$\int D\, d\Lambda = \left(\frac{\beta}{2\pi(\beta+1)}\right)^{D/2} \frac{B(W,\nu)}{B(W',\nu+1)}$$
$$\times \underbrace{\int B(W',\nu+1)|\Lambda|^{\frac{(\nu+1)-D-1}{2}} \exp\left(-\frac{1}{2}\operatorname{tr}(W'^{-1}\Lambda)\right) d\Lambda}_{=1}$$
$$= \left(\frac{\beta}{2\pi(\beta+1)}\right)^{D/2} \frac{|W'|^{(\nu+1)/2}\, 2^{(\nu+1)D/2}\, \pi^{D(D-1)/4} \prod_i \Gamma\left(\frac{\nu+2-i}{2}\right)}{|W|^{\nu/2}\, 2^{\nu D/2}\, \pi^{D(D-1)/4} \prod_i \Gamma\left(\frac{\nu+1-i}{2}\right)}$$
$$= \left(\frac{\beta}{\pi(\beta+1)}\right)^{D/2} \frac{\Gamma((\nu+1)/2)}{\Gamma((\nu+1-D)/2)} \left(\frac{1}{1+\lambda}\right)^{\nu/2} |W|^{1/2} \left(\frac{1}{1+\lambda}\right)^{1/2}$$
$$= \frac{\Gamma((\nu+1)/2)}{\Gamma((\nu+1-D)/2)} \left(\frac{\beta}{\pi(1+\beta)}\right)^{D/2} |W|^{1/2}(1+\lambda)^{-(\nu+1)/2}$$
$$= \frac{\Gamma(\frac{\nu+1}{2})}{\Gamma\left(\frac{\nu+1-D}{2}\right)} \frac{\left(\frac{\beta(\nu+1-D)}{1+\beta}\right)^{D/2}}{(\nu+1-D)^{D/2}\,\pi^{D/2}} |W|^{1/2}$$

$$\times\left(1+\frac{(x-m)^{\boldsymbol{T}}\left(\frac{\beta(\nu+1-D)}{1+\beta}W\right)(x-m)}{\nu+1-D}\right)^{-(\nu+1)/2}$$

$$=\mathrm{St}(x\,|\,m,L,\nu+1-D),\quad L:=\frac{\beta(\nu+1-D)}{1+\beta}W.$$

よって

$$p(\hat{x}\,|\,X)\simeq\frac{1}{\hat{\alpha}}\sum_k\alpha_k\,\mathrm{St}(\hat{x}\,|\,m_k,L_k,\nu_k+1-D).$$

だいたいこのあたりまで．あとはここよりは易しいので大丈夫だろう．

PRML 下巻 p.215 の下から 5 行目：「$\lambda'(\xi)$ は $\xi\geq 0$ のとき単調関数」とあるが間違い．$\lambda(\xi)$ は $\xi\geq 0$ のとき単調減少だが $\lambda'(\xi)$ はそうではない．また $\lambda(\xi)$ が単調減少だからといってそれだけで $\lambda'(\xi)\neq 0$ が言えるわけでもない．

第 11 章 「サンプリング法」のための物理学

PRML 下巻の p.263 には 11.5.1 の理解に「物理学の背景知識は必要としない」と明記されている．しかし学生時代に物理学を専攻した私としては，むしろ物理学の背景知識を前提に説明されたほうが何倍も理解しやすい．このテキストは，私が入社間もない頃の社内勉強会でこの節を担当した際に，「ああ要するにこの文章は統計力学の○○のことか」などと理解したときのメモを再構成した文章を，さらに今回見苦しくない程度に再構成したものである．

サイボウズ・ラボ 川合 秀実（特別寄稿）

11.1 「11.5.1 力学系」のところを違う方法で説明する試み さて，PRML では式 (11.54) が十分な説明もなくいきなり現れる．もちろんいきなり出てきても説明や証明には何の問題もないのだが，その背景を分かったほうが理解が深まると私は思う．私は個人的な趣味によりこの節の紹介を物理学的知識全開で行うが（笑），ぎりぎり高校物理の範囲で収まっていると思う．またサンプリング法に関する知識は式 (11.2) しか必要としていない．PRML 下巻の p.239–263 での議論を引用することはない．

11.2 統計力学 統計力学とは，分子運動の振る舞いの集合の結果として気体・液体・固体などを解釈し，それによりそれまで経験的に知られていた熱力学の法則を説明・再構築する，物理学の一分野である．統計物理学，統計熱力学とも呼ばれる．統計力学の概論をここで扱うようなことはしないが，この節の理解に役立つことについては紹介する．

11.3 ボルツマン因子 統計力学で頻出の概念に「ボルツマン因子」というものがある．これは結局は次の法則を数式で表したものに過ぎない．

たとえば箱に収められた気体を考えよう．この中には多数の気体分子が存在し，それぞれがさまざまな運動エネルギーを持って運動している．言い換えれば，速いものもあれば遅いものもある．このときあるエネルギー E_1 を持つ分子の個数を数えたとする．それを N_1 個としよう．またエネルギー E_2 を持つ分子の個数を数えてみて，それを N_2 個とする[*1]．ここではとりあえず $0<E_1<E_2$ としておく．このとき，以下のような関係が成り立つ．

$$\frac{N_2}{N_1}=\exp\left(-\frac{E_2-E_1}{kT}\right).$$

[*1] 実際にはちょうど E_1 に等しいエネルギーを持っている分子はいないかもしれない．その場合は，E_1〜(E_1+dE) の範囲のエネルギーを持っている分子の数，みたいなもので代用すればより正確な議論になる．E_2 についても同様にして，そしてこの dE を十分に小さくしていけば，やはり N_2 と N_1 の比は上式の値に収束する．

ここで k はボルツマン定数で，SI 単位系では $1.38064852(79) \times 10^{-23}$ J/K になる[*2]．T は絶対温度．

この式の意味するところは，エネルギーが kT だけ増えた状態の分子の個数は，約 0.36788 倍だろうと予想できるということである（この数値は $1/e$ である）．そしてこの個数の比はエネルギー差にのみ依存する．エネルギーの絶対値は関係ない．ほかの要素も関係ない．

箱の中の多数の分子同士は常に衝突しあってエネルギーをやりとりしている．そうしているうちに運よく大きな運動エネルギーを得る分子もいるが，そんな偶然はめったに起きず，たいていは速くなった分子は周囲の遅い分子とぶつかってしまって，平均的な速度になってしまう．上記の関係式はそういう事情を反映している．

なお，統計力学においては，この関係式により系の温度を考える．つまりそれなりに多数の分子が存在してかつそのエネルギー分布がわからなければ温度は定義されない．分布がわかれば，分子数の比が 0.36788 倍になるために必要なエネルギー差を観測し，それをボルツマン定数で割れば温度がわかる．

（余談：統計力学では分布により系の温度を定義するため，レーザー発振などのために逆転分布を作ると，それを「負の温度」として表すこともある．また，もしどのエネルギーの分子も等しい個数だけいるような系があったとしたら，それは温度無限大と解釈される[*3]．逆に最低値のエネルギーを持つ分子しかいない状態になったら，たとえその最低値がどんなに大きな値であろうと，温度は 0 である[*4]．）

ボルツマン因子とは，上の式から自明にわかる次のことを指す．

$$p(E) = C \cdot \exp\left(-\frac{E}{kT}\right).$$

つまり系の中でエネルギー E を持つ分子の存在確率は，$\exp(-E/kT)$ に比例する．これをボルツマン因子という．C は正規化定数で，$p(E)$ の合計が 1 になることを保証するためのものでしかないと思ってよい（実際は，C の逆数は分配関数 Z とも呼ばれ，熱力学と統計力学を関連付ける式の中で頻出する重要な因子である）．

なお，ここまでは話を「箱の中の気体分子」に限定してきたが，実は温度が定義できるような系ならば（つまりエネルギーが多数の要素に分配されうる系なら），いつでも成り立つ一般論である．

このボルツマン因子をより基本的な統計力学の定理から導くこともできるが，それは本筋からそれるので省略する．

11.4 ポテンシャルエネルギー 上記の話では，E は気体分子の運動エネルギーについてのみ議論したが，分子は運動エネルギーに加えて位置エネルギー（ポテンシャルエネルギー）も持っている（無重力とかなら話は別だが）．そしてポテンシャルエネルギーについてもボルツマン因子は有効である．たとえば地面を無限に広い平面で近似し，各分子がポテンシャルエネルギー $E = m \cdot g \cdot h$ を持つとする（h は地面からの高さ）．そうすると高いところの分子は低いところに比べて高いポテンシャルエネルギーを持っているといえる．当然のことながら，ボルツマン因子によれば高いところまでのぼれる分子はそう多くない．高さに対し

[*2] 2014 年 CODATA 推奨値．

[*3] つまり $N_1 = N_2$ なので，exp の中は 0 にならなければいけない．そのためには，T を無限大にするしかない．ということでこの状態の温度は無限大と定義される．

[*4] E_1 を最低値のエネルギー値，E_2 をそれ以上の何らかのエネルギー値とおけば，N_2 は常に 0 で，N_1 は常に 0 ではない．となると，exp の中はマイナス無限大でなければならず，そのためには T が 0 になるしかない．ということでこの状態の温度は 0 と定義される．

て指数関数的に少なくなる．つまり上空ほど空気は薄くなる．これは私たちの常識と一致している．

ちなみに温度 300 K のときに窒素分子 (分子量 28) の存在確率 p をボルツマン因子で計算すると，標高 0 m と標高 2000 m での p の比が 0.80 倍と出る．温度 300 K というのは 27°C に相当し，窒素は空気の大半を占めることを考えれば，これはそう悪くない大気の近似である．そして標高 2000 m での一般的な気圧を Google で調べたら 0.80 気圧のようだ．まあ上空に行くほど気温が下がるし，地球は平板ではないので，この近似はいろいろと問題があるが，しかし参考にはなるだろう．

11.5　サンプリングへの応用　さてやっと本題に入ろう．私たちは $p(z)$ を考えている．ここでの p はボルツマン因子の p ではなくて，サンプリングしたい対象の確率の p である．この $p(z)$ の分布にそった出現頻度の z の集合がほしい．それならば，この p から対応するポテンシャル E を構成し，その中で物理学的なシミュレーションをすれば，その（仮想的な）粒子の位置 z のログは，サンプリングにふさわしいものになりそうではないか*5．これが基本的なアイデアである．E をうまく作れれば，（そして精密に物理学を再現しさえすれば）期待通りの確率で z がサンプルできる．

ということで，ついに (11.54) に似た式が登場する（この式はもちろん統計力学のボルツマン因子に由来している）．

$$p(z) = \frac{1}{Z} \exp\left(-\frac{E(z)}{kT}\right).$$

教科書とは違い，私はまだこの kT を 1 に置きかえない．この式だと，E から p を導く式のように見えておかしいので，これを E について解いておこう．

$$E(z) = -kT \cdot \ln\left(p(z) \cdot Z\right).$$

与えられた確率分布 p に対して，こういうポテンシャルエネルギー E を持つ系の中での仮想的な分子の動きをシミュレーションすればいい．つまりはそういうことだ．

PRML ではここから解析力学に突入するのだが，これは難易度が上がってしまうので私は違う方法を選んだ．大丈夫，そんな小難しい理論を使わなくても，十分に説明できる．物理は私のようなものでも理解できるほどに簡単なのだ．ということで，私は高校物理でおなじみのニュートン力学で進める．

さて，この仮想分子にはきっと質量があるだろう．これをとりあえず m としよう．この仮想分子は常にポテンシャルエネルギーから力を受けているのだが，その力は，ポテンシャルエネルギーを z で偏微分し，-1 を乗じれば求められる．

$$F = -\frac{dE}{dz} = kT \cdot \frac{1}{p} \cdot \frac{dp}{dz}.$$

この仮想分子の加速度を a とおけば，分子の質量 m は時間変動しないので，$F = m \cdot a$ となり，

$$a = \frac{kT}{m} \cdot \frac{1}{p} \cdot \frac{dp}{dz}$$

となる．最初の因子 kT/m は適当に 1 にしてしまってもいいかもしれない．また p も a に対してこの形でしか現れないので，つまり微分した関数との比だけが重要なので，p を正規化し忘れていても a の値は変わらない．

*5 z が位置を表す……という表現がよくわからなければ，z は仮想粒子の地面からの高さを表す，とでも思ってほしい．z がスカラーであるときは，このたとえは悪くないと思う．

これでこの仮想粒子をこの加速度に沿って動かしていくシミュレーションをして z のログをとればいいだけなのだが，少し問題というか注意点がある．それについて，次の節に書こう．

11.6 注意点 私たちは，統計力学という「多数の分子が衝突しながら乱雑に動く」物理学を使っている．ということは，このシミュレーションにおいて分子はどのくらいの個数を扱わなければいけないのだろう．100 個くらいでいいのか？ 1 万個か？ 100 万個くらいだろうか．……いやいや欲を言って厳密を期するのであれば 1 モルくらいはほしいかもしれない．つまりは 10^{23} 個程度である．

もちろんそんなことはやっていられない（メモリの消費量が尋常ではない）．ということで 1 個の分子の動きをシミュレーションしていくだけで同等の結果を得る方法を考えよう．これはいわば本質ではなくただの技巧（テクニック）である．

やることは簡単で，まずシミュレーション時間を十分に長くとることだ．そうすれば分子は（たとえ一つであったとしても）さまざまなポテンシャルの場所を探検してくれる．そうすれば一分子ながら $E(z)$ 全体を十分に反映した z のログができて，サンプリングができる．……おっと言い忘れたが，もちろんシミュレーション内に複数の分子を配し（つまり z や速度 v の初期値が違う），それぞれシミュレーションしてもいい．それは並列化が有効な手法である．

またシミュレーションの最初のころの z は信用できないとしてログからは捨てることを推奨する．しばらくシミュレーションしていると仮想分子は $E(z)$ を反映した場所をうろつくようになるが，それまでは初期値の選び方の影響を強く受けてしまい，サンプリングに際して有効とは思えない．なお，初期値に恵まれないと（ポテンシャルエネルギー的な意味合いで）どこかのくぼみにハマってなかなか出られない，なんてこともありうるだろう．こうなると $E(z)$ 全体を十分に反映しているとは言い難い．そこで，たまに z を乱数で初期化したらより良いと私は思う．つまり分子はワープするのだ．ただワープ後しばらくはやはり z は $E(z)$ を反映していないので，サンプリング用のログとしては使わずに捨てるのを推奨する．

次は温度の問題を論じよう．私たちは先ほど気楽に kT/m という係数を 1 と置いたが，これは T を定数として扱っていることになる．なぜなら，k も m も定数だからだ．つまりこのシミュレーションは温度が一定の仮想世界を考えているということである．

しかし普通のニュートン力学でシミュレーションをしているだけだと，これは達成できない．なぜなら，普通のニュートン力学だけのシミュレーションでは，系のエネルギーが（計算誤差を除いて）一定値をとるからだ．つまり，ポテンシャルエネルギーが低い地点では運動エネルギーが多くあって，高い地点では運動エネルギーが少ないことになる．しかし自然界の温度一定系では，そうなってはいない．分子はほかの分子との衝突やもしくは輻射のやりとりで運動エネルギーを得たり失ったりしており，結果的にポテンシャルエネルギーの値とは独立に運動エネルギーを得ている．運動エネルギーの平均値は（周囲の）温度にしか依存しない．つまり，温度一定とエネルギー一定は一般には両立しないのだ．

ということで，運動エネルギーをたまに調整してやらねばならない．これは分子同士の衝突現象の代用である．つまりは速度を適当に決めなおすということだ．これをやらないと $p(z)$ の分布は実現しないので重要である（実は当初私はこれをミスっておかしなサンプリング結果になり泣かされた）．速度ベクトルの各成分は乱数で決めればいいだろう．運動エネルギーもボルツマン因子に従うはずなので，正規分布な乱数を使えばいいだろう．このとき，温度や質量の関係が加速度 a の算出に使ったものと矛盾しないようにすべきだろう．私がここで言わんとしていることは，速度を決めなおすときに乱数を適当に使うわけだが，その速度による運動エネルギーの期待値が，$(kT/2) \times (z$ の次元数) くらいになるように，乱数の分布に気を配ってほしいということである．

もし，z が 4 次元以上のベクトルであれば，それはもはや物理学からは離れてしまうが，ニュートン力学は第 4 の座標変数があったとしても自然に拡張可能であり（誰でも容易に類推できる），それでおそらく問題はないであろう．

11.6.1 はみだしコラム「分配関数 Z は z の関数なのか？」 分配関数 Z は，ボルツマン因子を確率として正規化するための定数である．

$$p(z) = \frac{1}{Z}\exp\left(-\frac{E(z)}{kT}\right) \quad \text{(81 ページ参照)}.$$

この Z は，系が取りうるエネルギーのついてのボルツマン因子をすべて計算し，それを足し合わせることで求められる．これは確率の正規化の基本を思い起こしてもらえれば自明である．つまり，すべての確率を足したら 1 にならなければいけないので，正規化前のものをとにかく全部足して，それで割ってやればよいということだ．……正規化定数はその名の通り定数なのであるが，しかし別の視点から見ると関数でもある．それゆえに Z は分配「関数」などという別名があるのだ．その話を私はしたい．

いろいろと理屈をこねてもいいのだが，とにかく一回 Z を計算してみようではないか．それが一番わかりやすいだろう．今ここに，エネルギーがとびとびの値しか取れない実験装置がある．階段のような地形でしかも物体がなんらかの理由で地面から離れられないと想定すればいいだろう．もしくは，量子力学的に量子化された状態だと思ってもらってもいい．とにかく，ここではエネルギー E が $0, 1, 2, 3, 4, \ldots$ と整数値しかとりえない．そういう状況を考えてほしい[*6]．

このケースで Z を計算してみよう．実に簡単である．

$$Z = 1 + \exp\left(-\frac{1}{kT}\right) + \exp\left(-\frac{2}{kT}\right) + \exp\left(-\frac{3}{kT}\right) + \cdots.$$

これは無限等比数列の和なので，簡単に整理できる．

$$Z = \frac{1}{1 - \exp\left(-\frac{1}{kT}\right)}.$$

さてこの Z を見てほしい．これは何の関数だろうか．なんの定数だろうか．……まず，Z は E を一切含んでいない．それは当然だ，なぜなら E に値を代入して数列を作り，それを全部足したのだから．代入したのだから，式中に E はもう残っていない．だから Z は E に対しては定数である．また Z の式の中には T という値が残っている．つまり Z は T の関数なのだ．

私たちの考えている E は，$p(z)$ から構成したものなので，当然のことながら z の関数であった．しかしこの E はもう Z には残っていないので，Z は z の関数ではない．……おっとこれは言い過ぎかもしれない．もし温度が場所によって違うような系を考えているのなら，T が z の関数になるので Z は z の関数であると言えるだろう．しかし私はそういう複雑な状況を今回は想定していない．温度は系全体で共通な定数だと想定している．

[*6] 何か適当な定数 c を考えて，$E = 0, c, 2c, 3c, 4c, \ldots$ とすればより一般的になるが，私は定数と言えども文字を増やして話をややこしくしたくなかったのであえて単なる整数とした．エネルギーの単位を適当に調整したと思ってもらってもいい．いずれにせよ，結論は全く変わらない．

11.6.2 さらに註……というかもはや追記 私はこの説明において，あまりよく考えずにPRML の流れに合わせて kT/m を 1 としてしまったが，温度は本当はそんなに軽く扱っていいものではない．いやそれを言ったら質量だって適当にしてはいけないかもしれない．物理屋の意地があるので少々語ることにする．

まず温度だが，もし温度があまりに低いと分子はほとんどエネルギーを持てないので，最寄りのポテンシャルエネルギーの低い場所にすぐに収まってしまって，そこから二度と出てこない．もちろん z の初期値に恵まれて，そこから下る過程で高い運動エネルギーを一時的には持てるかもしれないが，それも温度を考慮した速度 v の取り直しによって，結局失ってしまう．この場合，結局仮想粒子はごく狭い範囲をちまちま動くことしかできず，それはつまり z の初期値に強く影響されたサンプリング，言い換えれば $p(z)$ 全体をほとんど反映していないサンプリングとなる．これではもちろんいけないだろう．

では温度を高くしてやればいいのか．確かにそうすればポテンシャルの丘が多少あっても難なく飛び越えていくだろう．つまり仮想粒子は $p(z)$ 全体を十分に探検できるようになる．……しかし話はそう単純ではないのだ．もし温度が不適切なほど高ければ，もはや仮想分子は $p(z)$ に影響されなくなる．なぜなら，自分が温度由来で与えられている速度 v に対して，ポテンシャルから与えられた加速度 a が小さく，もはやノイズ程度にしかならないからだ．こうなってしまうと，どの z に対しても $p(z)$ は同じ，みたいな系のサンプリングをしたような結果にしかならず，これも不本意だろう．

今度は質量 m について考えてみよう．質量はポテンシャルエネルギーの傾きがどのくらい加速度に変換されるかの比例定数である．分かりやすくするために極端な例を考えよう．もし質量が無限大だったらどうだろう．そうとも，加速度 a は常にゼロとなり，仮想粒子は $p(z)$ に影響されることなく，温度をベースに与えられた v のまま等速直進運動をすることになる．これは温度が高すぎた場合によく似ている．これはダメだ！……では質量が 0 にかなり近い小さい値だったらどうか．これは温度が 0 だった場合のようにふるまうことになり，これもダメだ．

……と言いたいところなのだが，速度の初期値や取り直しの際に，私のアドバイスに従い運動エネルギー $\frac{1}{2}mv^2$ の期待値が $\frac{1}{2}kT \times$ (z の次元数) となるようにとっているのであれば，m が大きいときには v が小さくなり，m が小さいときには v が大きくなるので，加速度 a のスケールと自動的に同じになる．ということで，質量 m をどのくらいの値にすべきかについては，あまり深刻に悩まずともよさそうである．

さらに温度についてもいいニュースがある．私たちはポテンシャルエネルギーを定義するときに $E(z) = -kT \cdot \ln(p(z) \cdot Z)$ としている．つまり温度が高い場合は，相応にポテンシャルの起伏も激しくなるのだ．温度が低い場合は，それに合わせてポテンシャルの起伏もなだらかになるのだ．だからたぶん温度についてもそこまで神経をとがらす必要はない．

あとは v の取り直しの頻度についても考えてみよう．v の取り直しが頻繁に起こる場合，これは仮想世界中の粒子数が非常に多くて過密であることを意味する．だからしょっちゅうぶつかっているわけだ．また，取り直しの頻度が少ない場合，これはかなり希薄な気体をシミュレーションしているということになる．

まず頻度が低すぎるというのはよろしくない．なぜなら温度が安定しなくなるからだ．そもそもそんなに希薄な気体では総分子数は相当に少ないということになるだろうが，そんな系では統計力学的な温度の定義が通用しなくなる．統計力学は十分に多数の分子がエネルギーをやり取りしているような状況を前提に組まれているのだ．だからこそやっかい極まりない揺らぎの問題を解消できている．それが通用しなくなるほど希薄だとするとさまざまな前提が崩れて，今までの説明通りにはいかなくなってしまう恐れが出てくる．……別の言い方をするなら，この場合の仮想粒子は，運動エネルギーとポテンシャルエネルギーの和が一定になるような運動を過剰に長く続けてしまう．これは先に書いたように，温度一定とは異なる挙動である．

……では頻度をうんと上げるのはどうだろう．今度は $p(z)$ がほとんど反映されなくなってしまう．ポテンシャルエネルギーから加速度を決めてようやくその向きに進み始めたところで，v がリセットされてしまえば，結局 $p(z)$ は仮想粒子の運動にほとんど影響できなかったことになる．ということは上記で温度が大きすぎた場合の考察のような，残念な結果になるだろう．

11.7　余談　PRML 下巻の p.264 では**ハミルトン**を紹介しているが，私ならその場所に，**ルートヴィッヒ・ボルツマン**を置くだろう．興味があれば Wikipedia で彼について調べてみてほしい．

11.8　Verlet 法　ここでは私の個人的な趣味により，蛙跳び法ではなくて Verlet 法を紹介したい．

もっとも単純に加速度 a から速度 v と位置 z を更新すると，こうなるだろう．ここでは時間刻みを h としている（PRML ではイプシロンを使っている）．

$$z = z + v \cdot h + \frac{1}{2} \cdot a \cdot h^2, \tag{11.1}$$

$$v = v + a \cdot h. \tag{11.2}$$

これでも h が十分に小さければ悪くない精度が出せる．しかし h が小さいとそれだけシミュレーション内の時間経過が遅くなる．そこで，次のようなテクニックがある．

まず $z(t+h)$ を以下のように書き下すことができる．

$$z(t+h) = z(t) + v(t) \cdot h + \frac{1}{2} \cdot a(t) \cdot h^2 + \frac{1}{6} \cdot e(t) \cdot h^3 + \cdots .$$

ここで $e(t)$ は，z の 3 階微分である．加速度の 1 階微分（ここでは時間微分）であるといってもよい[*7]．上記の h を $-h$ に置き換えれば，以下の式が得られる．

$$z(t-h) = z(t) - v(t) \cdot h + \frac{1}{2} \cdot a(t) \cdot h^2 - \frac{1}{6} \cdot e(t) \cdot h^3 + \cdots .$$

そしてこの 2 式を辺々加える．

$$z(t+h) + z(t-h) = 2 \cdot z(t) + a(t) \cdot h^2. \tag{11.3}$$

整理すれば，以下を得られる．

$$z(t+h) = 2 \cdot z(t) - z(t-h) + a(t) \cdot h^2. \tag{11.4}$$

この式 (11.4) は $z(t), z(t-h), a(t)$ が既知であれば $z(t+h)$ が計算可能であることを示している．つまり現在の座標，1 ステップ前の座標，現在の加速度が分かれば，1 ステップ後の座標がわかるということだ．しかもその $z(t+h)$ には h^4 オーダーの誤差しか含んでいない．式 (11.1) では h^3 オーダーの誤差を含んでいたので，これは格段に精度がよい．また特筆すべきは，z を次々と計算していくにあたって，v の計算を必要としていない．つまり

[*7] z の 3 階微分や 4 階微分などには，速度や加速度といったような物理学的な名前がついていないがために，これらはゼロであると決めつける誤解があるが，そんなことは断じてない．もし z の 3 階微分が常にゼロなら，加速度は時間変化しないと言っているのと同値であるが，これはおかしい．かかる力が位置によって変化し，その位置は運動によって時間変化しているのであれば，当然加速度も時間変化するに決まっている．したがって一般性を失わないためには，3 階微分や 4 階微分などを仮定しておく必要がある．

z だけでどんどん計算を進めていくことができる．私たちは z がほしいのであって，v のログには興味がないから，これは（計算量的に）好都合である．

問題は，最初に $z(t)$ のみならず $z(t-h)$ が必要になることである．この $z(t-h)$ は v と a を使って計算していくしかない．具体的な方法は複数考えられるが，例えば，最初に h をかなり小さくとって式 (11.1) と式 (11.2) で計算を 10 回くらい進める．そうすればかなり精度のよい $z(t=0)$ と $z(t=10h)$ が手に入るだろう．そのあとは h を 10 倍して Verlet 法を使っていくことができる．なおここで 10 倍という数値を挙げたが，実際のケースではどのくらいが適当なのかは，各種の条件によるだろう．たぶん 1/10 という小さな準備ステップが必要になることはまずない．たいていは 1/2 とか 1/4 程度で十分に足りる．

ちなみに Verlet 法では以下の式も同じように導出できる．

$$v(t) = \frac{z(t+h) - z(t-h)}{2h}. \tag{11.5}$$

これを使えば，$z(t+h)$ と $z(t-h)$ から $v(t)$ を計算することができる．ただし式 (11.5) の精度は特に高いというわけではない．誤差は h^2 オーダーである．つまりこれは式 (11.2) と同程度ということになる．しかし私たちの目的においては正確な v は必要ではないのでこれはあまり気にする必要はない……と私は思う．

もしどうしても高い精度の v が必要ならば，こういう式も作れる．

$$v(t+h) = v(t-h) + 2 \cdot a(t) \cdot h. \tag{11.6}$$

この式には h^3 オーダーの誤差しか残ってないが，この式でやるためには v もステップごとに計算していかなければいけないので Verlet 法のメリットは少なくなってくる．

ちなみに高い精度の v が必要になるかもしれないのは，このシミュレーションがどのくらい正確なのかを見積もらなければいけない場合である．一般にこの手のシミュレーションで精度を確認するときには運動エネルギーと位置エネルギーの和が保存しているかどうかを見る．それがうまくいっていないときは，たいていどこかがバグっている．エネルギーを計算するには運動エネルギーを求める必要があり，その際には高精度な v がほしくなるだろう．

索引

EM アルゴリズム, 57, 61–64, 73

IRLS, 36

Jensen の不等式, 36, 38

MAP, 40, 41, 43, 55

PRML, 1, 2, 8, 14, 16, 17, 19, 20, 33, 35, 44, 45, 49, 51, 60, 66, 67, 73, 79, 81, 84, 85

ウィシャート分布, 66, 70, 73
エビデンス関数, 24, 25
エビデンス近似, 26
エントロピー, 23, 36, 37, 46, 66, 67

ガウス分布, 8, 10, 11, 15, 16, 19, 26, 32, 33, 39, 40, 42, 43, 45, 46, 52, 56–58, 64, 65, 68, 70, 73
確率空間, 5–7
確率変数, 6, 7, 26, 56, 63, 66
確率密度関数, 23, 52
活性化関数, 38, 45–49, 55
カルバック距離, 23, 24, 63, 66, 70
ガンマ分布, 65, 69
奇関数, 9–11, 16
行列作用素, 40
偶関数, 9, 10, 15
クラス間共分散行列, 30
クロネッカーのデルタ, 48, 50
訓練集合, 48
経験ベイズ, 26
合成関数の微分, 9, 51
誤差関数, 20, 29, 35–38, 46, 48, 52, 54
混合分布, 60

最小二乗法, 30, 36
最大事後確率, 43
最尤解, 20, 33, 34, 61, 63
最尤推定, 8, 16, 19, 20, 26, 33
最尤法, 34, 37
三角行列, 14, 18
識別関数, 27
識別モデル, 27
σ 加法族, 5, 6
シグモイド関数, 45
事後分布, 26, 43, 55, 59, 62, 63, 68, 70
事前分布, 26, 52, 55, 61, 69–71, 73
正規化指数関数, 32
正規分布, 7, 40, 52, 65, 82
正準連結関数, 38, 48
生成モデル, 27, 32
正則, 12, 13, 21, 22, 52
正定値, 22, 23, 25, 36, 38, 40, 48
正方行列, 11–16, 18, 24

線形回帰モデル, 20, 35, 44
線形代数, 1, 11
潜在変数, 56, 57, 59, 61, 63, 64, 70
総クラス内共分散行列, 30, 34
ソフトマックス関数, 32, 47

対角化, 14–16, 22, 25, 47
対角行列, 12, 14, 36
対称行列, 13–17, 19, 20, 22, 24, 47
対数尤度関数, 19, 39, 52, 55–57, 59, 61–63
多クラス分類, 37
単調減少, 79
テイラー展開, 39, 47
ディラック, 41
ディリクレ分布, 65, 70, 71, 73
デルタ関数, 26, 41, 43
転置行列, 12
トレース, 11, 18

なだらか, 73, 84
ニュートン・ラフラソン法, 35
ニュートン力学, 81–83

ハイパーパラメータ, 26, 43
パターン認識と機械学習, 1, 2
ハミルトン, 85
微分作用素, 48, 51
フィッシャーの線形判別, 29, 30
複素共役行列, 12
プロビット回帰, 38
プロビット関数, 38, 41, 45
分配関数, 80, 83
ベイズ情報量基準, 41
平方完成, 24, 42, 68
ヘッシアン, 35–37
ヘッセ行列, 24, 25, 49, 51
変分推論法, 70
ポテンシャルエネルギー, 80–82, 84, 85
ボルツマン因子, 79–81, 83
ボルツマン定数, 80
ボレル集合, 6

ヤコビアン, 9, 10, 14
ヤコビ行列, 9, 25
尤度関数, 19, 26, 33, 35, 39, 52, 55–57, 59, 61–63, 69
ユニタリー行列, 13, 14

ラグランジュの未定乗数法, 29
ラプラス近似, 39–41, 43, 55
ルートヴィッヒ・ボルツマン, 85
ルベーグ可測, 6
ロジスティック回帰, 34, 35, 37–39, 43
ロジスティックシグモイド, 32, 41, 45–47, 49, 55
ロジット関数, 32

みつなり しげお
光成 滋生

Twitter: @herumi
最適化や暗号まわりに従事
http://herumi.in.coocan.jp/
(第 1–10 章)

たけさこ よしのり
竹迫 良範

Twitter: @takesako
広島市立大学 情報科学部
情報機械システム工学科 卒業
(初版, 第 2 版編集)

なかたに しゅうよう
中谷 秀洋

Twitter: @shuyo
岩波データサイエンス刊行委員会委員
http://d.hatena.ne.jp/n_shuyo/
(まえがき)

ごだい げんじん
五代 幻人

ふうたろうふわくすぎてもふわふわり
かぜのふくままきのむくままに
(普及版編集)

かわい ひでみ
川合 秀実

OSASK 計画の中の人
(第 11 章)

にんしき きかいがくしゅう がくしゅう ふきゅうばん
パターン認識と機械学習の学習 普及版

2012 年 3 月 14 日	見本誌		発行
2012 年 7 月 1 日	初 版	第 1 刷	発行
2012 年 7 月 9 日	初 版	第 2 刷	発行
2012 年 10 月 16 日	第 2 版	第 1 刷	発行
2013 年 4 月 1 日	第 2 版	第 2 刷	発行
2013 年 12 月 25 日	第 2 版	第 3 刷	発行
2014 年 4 月 1 日	第 2 版	第 4 刷	発行
2017 年 8 月 13 日	普及版	第 1 刷	発行

著 者	光成 滋生 (みつなり しげお)	
寄 稿	中谷 秀洋 (なかたに しゅうよう)	まえがき
	川合 秀実 (かわい ひでみ)	第 11 章
編 者	竹迫 良範 (たけさこ よしのり)	初版, 第 2 版
	五代 幻人 (ごだい げんじん)	普及版
発行者	星野 香奈 (ほしの かな)	
印刷所	有限会社 ねこのしっぽ	
発行所	同人集合 暗黒通信団 (http://ankokudan.org/d/)	
	〒277-8691 千葉県柏局私書箱 54 号 D 係	
頒 価	556 円 / ISBN978-4-87310-093-7 C3041	

ISBN 978-4-87310-093-7
C3041 ¥556E
本体 556 円

9784873100937

1923041005560

THE DARKSIDE COMMUNICATION GROUP